똑똑한 뇌는
어떻게 만들어지는가

KB022218

정서, 인지 발달, 독서, 영어 학습까지 뇌 성장 로드맵

똑똑한 뇌는
어떻게 만들어지는가

다키 야스유키 · 고 가즈키 지음 | 신현호 옮김

길벗

마흔네 살 작가인 저의 요즘 가장 큰 걱정거리는 아이의 장래 문제입니다. 지금 네 살인 딸아이가 사회에 첫발을 내디딜 때쯤이면 현재의 저는 상상조차 할 수 없을 만큼 세상이 달라져 있을 겁니다. 제가 예측할 수 없는 그 미래에, 어떤 환경에서든 아이가 씩씩하게 자라 행복한 삶을 살 수 있도록 지금 제가 할 수 있는 일은 무엇일까요? 어떻게 아이를 키우는 것이 최선일까요? 좀처럼 명확한 답이 떠오르지 않습니다.

그중에서도 아이 교육에 관한 고민이 큽니다. 초등학교에 입학하기 전 조기 교육을 시켜야 한다기에 아이를 학원에 보내기도 했지만 그다지 재미를 못 느끼는 듯해 바로 그만두게 했습니다. 기본적으로 학교 공부가 가장 중요하다는 생각에는 변함이 없습니다. 그러나 빠른 세계화로 인해 영어가 모국어만큼 당연시되고 기계학습과 인공지능 발달에 따른 4차 산업혁명으로 수학과 과학의 중요성 역시 높아지고 있죠. 아이가 배워야 할 건 많은데 그렇다고 아이에게 공부하라는 잔소리만 늘어놓는 부모가 되고 싶진 않아요. 그렇다면 아이가 어떤 교육을 받게 하는 게 좋을까요?

그렇게 막연함만 더해가던 어느 날 알고 지내던 편집자 한 명이 생각지도 못한 얘기를 들려줬습니다. 초등학생 아들을 키우고 있는 그는 저와 다를 바 없이 자녀 교육 문제로 고민하고 있었죠. 아들을 중학교 입시 학원에 보냈는데 아들의 성적이 너무 형편없었던 겁니다. 특히 수학이 문제였어요. 마침 도호쿠대학교 다키 야스유키라는 교수를 만날 기회가 생겨 아들에 관한 고민을 얘기했더니 흔쾌히 조언을 해줬다고 합니다. 그 내용은 지금까지 자녀교육서에서 접해온 것과는 완전히 달랐죠. 반신반의하며 그 말대로 해봤는데 단 몇 달 만에 아들의 수학 성적이 깜짝 놀랄 만큼 올랐다는 거예요.

도호쿠대학에서 '뇌'를 전문적으로 연구하고 있는 다키 교수는 의사이기도 합니다. 연구로 바쁜 시간을 보내는 와중에도 본인이 직접 벤처기업을 설립해 경영까지 도맡고 있고 아이의 뇌 발달이나 학습법에 관해 책도 집필하고 있습니다. 편집자에게 다키 교수와 책을 만들어 보지 않겠냐는 제안을 받고 즉각 수락한 이유는 그의 말이 사실인지 확인해 보고 싶었기 때문입니다. 저는 전형적인 문과형 인간이라 뇌의 메커니즘에 관해서는 아는 바가 없거니와 알고자 한 적도 없습니다. 그저 개인이 제아무리 노력한들 태어나면서 주어진 뇌 자체를 바꿀 수는 없다고 생각했을 뿐이죠. 그런데 뇌의 능력을 키워 아이의 성적을 오르게 할 수 있다니 정말 그런 일이 가능할까요? 답을 찾고 싶은 질문이 산더미처럼 쌓여갔습니다.

　　그래서 탄생한 것이 바로 이 책입니다. 결론부터 말하자면 가능한 일이더군요. '머리가 좋다'는 말은 다면적으로 생각해야 합니다. 사람의 지능은 마음먹기 나름으로 발달합니다. 따라서 뇌는 나이와 상관없이 성장하고, 나이를 먹더라도 젊게 유지할 수 있습니다. 네 살 아이든 초등학생 아이든 뇌를 성장시켜 원하는 성과를 얻을 수 있는 거죠. 뇌의 성장을 멈출 수 있는 건 '포기'뿐입니다.

방대한 과학적 증거로 뒷받침된 뇌의 구조를 이해함으로써 저는 뇌에 대해 완전히 새로운 시각을 갖게 됐습니다. "유레카!"라고 외치고 싶을 만큼의 대단한 발견이었죠. 저와 비슷한 고민을 안고 있는 부모라면 이 책을 통해 제가 느낀 벅찬 감동을 체험해 보길 바랍니다.

고 가즈키

✦✦✦ Contents

똑똑한 뇌는
어떻게 만들어질까?

아이의 말랑한 뇌가 성장하는 순간

처음 뵙겠습니다, 교수님. 고 가즈키라고 합니다. 아이를 둔 부모로서 교수님께 궁금한 점이 정말 많았는데요, 인터뷰에 응해 주셔서 감사드립니다. 반갑습니다. 다키 야스유키입니다. 저도 이번 기회를 통해 아이 교육 문제로 고민하는 부모님들에게 도움이 될 수 있어 기쁩니다.

교수님께서는 아이의 뇌를 성장시켜 학습 능력을 높이는 방법을 잘 알고 계시다고 전해 들었습니다. 이 자리를 주선해 준 편집자도 교수님 조언에 따라 아이를 지도했더니 몇 달 지나지 않아 아이의 부진했던 수학 성적이 놀랄 만큼 올랐다고 하던데요. 성적이 올랐다는 건 분명 그 아이가 열심히 노력했다는 의미겠지요. 다만 '어떻게 꾸준히 노력하는 아이가 되었는가'가 포인트로, 거기서 실마리를 찾아야 합니다.

본인이 공부를 열심히 했으니 성적이 올랐겠지만, 어떻게 동기부여가 돼서 공부를 꾸준히 할 수 있었는지 상당히 궁금하네요. 구체적으로 어떤 걸 했는지는 편집자 T씨에게 받은 이메일로 대신 소개하겠습니다.

공부와 아무 관련 없는 두 가지를 시켰습니다.

다키 교수님께서 무엇이든 상관없으니 아이가 흥미 있어 하는 것을 중도 포기 없이 끝까지 시키는 것이 좋다고 하시기에 두 가지를 시켜 보았습니다.

하나는 자전거 타기였습니다. 아들은 또래 친구들보다 두발자전거를 늦게 배웠어요. 보조바퀴를 한참 달고 있었거든요. 그게 부끄러웠던지 자전거를 한번 탔다 하면 시간 가는 줄 모르더라고요. 교수님 말을 듣고 더 신나게 타보라고 새 자전거를 사주었더니 하루도 빼놓지 않고 자전거를 타더니, 지금은 쉬는 날마다 저와 함께 편도 10km 정도는 너끈히 달립니다. 그 덕에 체력도 엄청 좋아졌습니다.

또 하나는 축구 관전입니다. 저희 지역에서 열린 J리그 홈구장 경기에 데려갔더니 엄청 좋아하기에 요즘은 시간 날 때마다 경기장을 찾곤 합니다. 프로축구연맹에서 발간한 구단 소개 및 선수들 프로필이 적힌 책을 사줬더니 선수들 이름은 물론 과거 성적까지 달달 외우더라고요. 요즘은 국내 프로 축구단의 연고지뿐 아니라 그 지역 특산물까지 속속들이 전부 알고 있습니다.

말 그대로 공부랑은 전혀 관련이 없네요. 그런데 이게 결국 성적을 올리는 데 효과가 있었다는 거죠? 공부하고는 관련이 없지만 아이의 뇌를 똑똑하게 만드는 데는 매우 효과적입니다. 이 뒤에는 공부와 관련된 부분도 적혀 있습니다.

아이가 성적이 안 좋아서 학교와 학원에서 늘 의기소침한 편이었는데, 자전거 타는 게 수월해지고, 축구 경기도 흥미를 붙이면서 왠지 적극적인 성격으로 바뀐 것 같아요.
교수님의 조언대로 '무리하게 공부하지 않아도 되고, 성적이 어떻든 나는 너를 늘 응원할 거야!'라는 말도 자주 하며 노력하는 자세를 칭찬했더니 성적이 오르더라고요. 최근에는 '아빠. 나도 하면 되더라고요. 요새는 학교와 학원에 가는 게 재미있어요!'라는 말까지 해서 놀랐습니다.

좋아하는 것에 몰입한 것과 학원을 대하는 태도가 바뀐 건 무슨 관련이 있을까요? 스스로 공부를 하러 가는 게 재밌다고 생각하게끔 된 것이 무엇보다 중요합니다. 스스로 능동적으로 행동하는 게 뇌에 아주 좋은 작용을 하거든요. 게다가 T씨가 하신 방법에는 제가 늘 강조하는 '아이 뇌를 성장시키는 5가지 요소'가 다 들어 있습니다.

뇌 성장의 시작

그 5가지 요소가 무엇인지 정말 궁금하네요. 바로 '몰입', '지적 호기심', '자기긍정감', '회복탄력성', '생활 습관'입니다. 아이는 자전거를 타고 축구 경기를 보는 데 많은 시간을 보냈습니다. 이렇게 뭔가에 푹 빠져 지내다 보면 아이가 '몰입'을 체험하게 됩니다.

공부가 아니라도 흥미를 느끼는 일이 있다면 마음껏 하게 두는 게 좋다는 뜻인가요? 그렇습니다. 일본 대학 서열 1위인 도쿄대학교 합격생들을 추적, 관찰해 보면 가장 흔하게 발견되는 공통점이 뭔가에 굉장히 몰입하고 있는 학생이 많다는 겁니다. 음악, 스포츠, 게임 등 각각 몰입하고 있는 주제는 다르지만요.[1]

전국 1, 2등을 다투는 학생들도 공부와는 아무 상관없는 일에 몰입하고 있다는 거군요. 맞습니다. 몰입이 중요한 이유는 그것이 '지적 호기심'을 키워주기 때문입니다. 앞서 말한 아이는 축구 경기를 열심히 보다 보니 축구 선수 이름이나 과거 성적이 알고 싶어졌고, 그렇게 하나씩 공부했더니 자신도 모르는 새 엄청난 양의 데이터가 머릿속에 쌓인 겁니다. 게다가 누가 시키지도 않았는데 자발적으로 그렇게 했죠. 이게 바로 지적 호기심의 효과입니다. 저는 지적 호기심이야말로 뇌 성장의 원동력이라고 생각합니다.

저도 공감합니다. 분명 공부에 필요한 암기는 힘들지만 제가 좋아하는 것에 관한 정보는 별로 고생스럽게 외우지 않아도 저절로 기억에 남기도 하거든요. 그건 뇌의 편도체와 해마의 위치와도 관계가 있습니다. '편도체'는 좋고 싫음을 판단하는 영역인데, 그 바로 옆에는 기억력과 관련 있는 '해마'가 붙어 있습니다.[2] 사람은 좋아하고 흥미 있어 하는 것은 어려움 없이 기억할 수 있습니다.

그렇군요. 그런데 공부와 아무 상관없는 축구에 대한 역사 같은 걸 잘 외운다고 해서 성적이 오른다고 할 수는 없지

않나요? 그렇게 단정 지을 수는 없습니다. 아이는 관심 대상에 관해 하나하나 배워 나가는 경험을 통해 뇌를 어떻게 사용하면 좋을지 깨닫게 됩니다. 그러면 공부에 몰입해야 할 때도 이 두뇌 사용법을 응용할 수 있게 됩니다. 한편으로 J리그 연고지와 그곳의 특산물을 외우는 건 사회 과목과 전혀 무관한 건 아닙니다. 공부 이외의 영역에서 흥미를 느끼다가 공부와 연결되는 경우도 흔하거든요.

과연 지리 공부나 마찬가지겠네요. 결국 자신이 좋아하는 것에 대한 지적 호기심이 뇌를 사용하게 하고 이것이 학습 노하우로 이어질 수 있는 거군요.

실패해도 괜찮다는 마음이 들 때

이번엔 '자기긍정감'에 관해 들어볼 차례네요. 저도 평소 자기긍정감을 중요하게 생각해서 딸아이에게 꼭 길러주고 싶은데 구체적으로 어떻게 하면 좋을까요? 앞에서도 잠깐 언급했지만 결과가 아니라 아이의 노력을 칭찬해 줘야 합니다. 노력하는 태도를 칭찬하면 아이는 하루하루 나아가고 있는 자신의 모습을 사랑하게 되고 실패하더라도 계속 도전하는 것이 중요하다고 생각하게 되죠. 그 과정에서 자기긍정감도 높아지고요.

말씀하신 대로 결과보다 과정이 중요하단 걸 알지만 무심코 결과를 칭찬하는 말을 하게 되더라고요. 노력을 칭찬하면서도 "잘했다"라고 말하는 식이죠. "매일 조금씩 연습하고 있는 거 알아", "용기 내서 도전했구나" 같은 식으로 말하면 아이가 노력을 칭찬받았다고 느낄 거예요. 초등학교 5학년 학생을 대상으로 한 연구에 따르면 노력을 칭찬받은 아이가 성적을 칭찬받은 아이보다 학습 성취 욕구가 높고 실패한 과제라도 긍정적으로 받아들이는 경향이 있다고 합니다.[3] 대학생을 대상으로 한 다른 연구에서도 자신이 노력하는 만큼 성장할수 있다고 생각하는 학생은 그렇지 않은 학생에 비해 학습 목표를 바르게 설정하고, 실패했을 때도 극복하는 능력이 뛰어난 것으로 나타났습니다.[4]

제 어린 시절이 떠오르네요. 늘 결과에만 신경 썼기 때문에 시험 성적이 나쁘면 '어떻게 해야 성적표를 감출 수 있을까' 하고 궁리했거든요. 결과만 칭찬하는 일의 문제점이 바로

그겁니다. 자신이 실패했다고 생각한 아이가 '좋은 성적을 내지 못한 내가 너무 부끄럽다'고 느끼면서 좌절감, 패배감에 빠지거나 새로운 목표를 세우고 이를 달성하기 위한 방법을 고민하기보다, 좋지 못한 결과를 숨기거나 외면하는 데 급급해지기도 하거든요. 하지만 노력한 과정을 칭찬하면 '이번에는 원했던 결과를 얻지 못했더라도 다음번에는 좀 더 잘해내자'는 회복탄력성으로 다시 도전하는 아이가 될 가능성이 높습니다. 성공한 사람들이 입을 모아 강조하듯, 할 수 있다는 믿음과 실패 후에도 다시 도전하는 것을 두려워하지 않는 마음가짐은 매우 중요합니다.

자기긍정감이 회복탄력성으로 이어지는 거군요.

자는 동안에도 아이는 자란다

벌써 마지막 다섯 번째 요소, '생활 습관'에 관해 들어볼 차례네요. '잠자는 동안에도 아이는 자란다'는 말을 들어보셨나요? '자란다'는 것은 아이 몸뿐 아니라 뇌에도 해당되는 말입니다.[5] 잠을 제대로 자면 뇌도 그에 걸맞게 성장하기 마련이거든요. 또 올바른 식사 습관을 들여 영양을 골고루 섭취하고 꾸준히 운동을 하는 것도 뇌가 잘 성장할 수 있는 토대를 만들어 주는 일입니다. 이 모든 게 간과하기 쉬운 '생활 습관'이죠.

성장기 아이에게 수면과 식사가 중요하다는 건 부모라면 누구나 잘 알고 있는 사실이죠. 그런데 운동은 어떤 활동을 어떤 강도로 하는 게 좋은가요? 제 딸이 하는 운동이라고는 공원 산책이 전부거든요. 네 살 아이는 그 정도로도 충분합니다. 운동을 싫어하는 아이도 있는데, 몰입 체험 부분에서 설명한 것처럼 아이가 즐겁게 꾸준히 할 수 있는 활동을 찾아주는 게 가장 중요합니다. 새해가 되면 운동을 하겠다는 결심을 해놓고 작심삼일로 끝내는 어른들이 많지 않습니까? 운동이 '해야 하니까 하는 일'이 되면 어른이든 아이든 쉽게 질리고 재미없어집니다. 앞서 편집자의 아이처럼 자전거를 타는 것도 본인이 재밌게 지속할 수 있다면 충분히 좋은 운동이죠.

아이가 여러 가지 활동을 경험해 보고 흥미를 느낄 수 있는 운동을 찾을 수 있도록 부모가 도와주는 것이 중요하겠네요.

뇌과학자의 밑줄

1. 아이의 뇌를 성장시키는 5가지 요소를 기억하자. 몰입 체험, 지적 호기심, 자기긍정감, 회복탄력성, 생활 습관이 그것이다.

2. 공부와 관련 없어 보이는 활동이라도 흥미 있는 일에 몰입하는 체험을 한 아이는 지적 호기심이 커지고 이는 뇌 성장의 원동력이 된다.

3. 결과가 아닌 노력하는 태도를 칭찬하면 자기긍정감이 생긴다. 이는 아이가 스스로 학습 목표를 설정하고 실패해도 다시 도전하는 회복탄력성을 기르는 데 도움이 된다.

4. 적당한 수면과 균형 잡힌 식사, 꾸준한 운동 등 올바른 생활 습관을 들이는 일도 뇌가 잘 성장할 수 있는 토대를 만들어 준다.

IQ, 공부머리를 물려주지 못했다면

이야기를 나누다 보니 교수님은 자녀를 어떻게 교육하시는지 궁금해집니다. 교수님도 자녀가 있으신가요? 제게도 초등학생 아들이 있습니다. 저 역시 지금까지 말씀드린 대로 아들을 지도합니다. 제 아들의 경우는 책 읽기를 좋아합니다. 우리 가족 생활 습관 중 하나가 잠들기 전 1시간 독서하기거든요. 요즘에는 화학에 푹 빠져 있기에 분자구조 모형을 사줬습니다. 여러 가지 구조를 만들어 보면서 시간 가는 줄 모르고 놀더군요.

초등학생이 화학에 빠져 지낸다고요? 정말 놀랍네요. 앞서 선생님께 '아이의 뇌를 성장시키는 5가지 요소'의 설명을 듣고 나니 그럴 수도 있겠다는 생각이 들기는 했습니다만, 한편으로는 부모가 아무리 신경 써서 교육한다고 해도 타고난 수준을 뛰어넘기는 힘들지 않을까 싶은 생각이 드는 것도 사실입니다. 지능은 타고나는 거라고 말하는 사람도 많으니까요. 문제를 잘 짚어주셨네요. 사실 사람의 IQ(지능)는 약 50퍼센트가 후천적으로 결정된다는 연구 결과가 있습니다.[6] 물론 지능이 선천적이냐 후천적이냐에 관해서는 여러 가지 주장이 있지만 약 50퍼센트가 후천적으로 정해진다는 연구 결과는 꾸준히 노력하면 IQ도 향상될 수 있음을 보여줍니다.

정말 솔깃한 이야기인데요. IQ가 높다는 건 머리가 좋다는 뜻인가요? IQ는 뇌의 종합적인 인지능력을 측정하는 척도로 오랫동안 활용되고 있지만 사람의 두뇌를 평가하는 방법 중 하나에 불과합니다. 학교에서 시험 성적이 학생을 평가하는 하나의 기준이 되는 것처럼 IQ 역시 사람을 평가하는 통일된 기준이 필요하기 때문에 사용하는 것이죠. IQ 검사 항목을 고안한 사람도 이것이 절대적인 척도라고 생각하진 않았을 겁니다.

IQ든 시험 성적이든 머리가 좋은지 나쁜지 평가할 수 있는 절대적인 기준은 없다는 거네요. 그렇습니다. 물론 실제 생활에서 평가 척도가 필요하니 이런 기준들이 완전히 무용하다고 주장할 순 없지만 굳이 거기에 휘둘릴 필요도 없습니다. 예를 들어 공교육의 척도가 아이와 맞지 않는다면 대안학교를 비롯한 다른 학습 방법을 찾아볼 수도 있습니다. 어른도 그렇지 않나요? 모든 사람이 회사원과 맞지는 않으니 개인 사업자도 있고 프리랜서도 있는 거죠.

갑자기 구원받은 느낌이 드네요! 이제 인터뷰를 끝내도 괜찮을 것 같습니다. 아니, 좀 더 깊이 있는 대화가 필요하지 않을까요?(웃음)

아이 뇌를 성장시키기 위해 부모가 할 일

사실 제가 가장 알고 싶은 것은, 아이가 행복하고 건강하게 자라는 방법이에요. 하지만 한편으로는 그러면 학원은 몇 살부터 보내야 할지, 어렸을 때는 무엇을 가르치는 게 좋은 건지, 좀 더 커서는 시험을 어떻게 준비하라고 이야기해줘야 할지 등 생각할 거리가 한두 가지가 아니더라고요. 아이를 영리하게 키우고 싶고 학력도 높았으면 좋겠다 생각이 들기도 해요. 자녀를 둔 부모라면 누구나 그럴 겁니다. 실제로 학력이 높으면 진로 선택 폭이 넓어지고 사회적 성공으로도 이어진다는 연구 결과가 있습니다.[7] 학력의 높고 낮음이 자존감이나 건강까지도 영향을 미친다는 데이터도 있고요.[8]

학력 향상이 아이의 미래 행복에 영향을 준다는 뜻인가요? 그럼 그 행복을 보장받기 위해 어릴 때부터 공부를 엄청 시키는 부모들도 많은데, 아이 행복을 위해서는 그렇게까지 해서라도 학력을 높이는 게 좋을까요? 과학적으로 학력이 높으면 행복할 가능성이 높다는 연구 결과가 많이 있다는 거죠. 아이가 스스로 즐기고 있다면 공부를 시키는 것도 괜찮습니다. 그러나 아이가 좋아하지 않는다면 억지로 시킬 필요는 없습니다.

사실 저는 초등학교 과정을 배우는 수학 학원에 아이를 보냈다가 아이가 재미없어 해서 그만두게 했거든요. 급히 시작할 필요는 없어요. 한 연구에서는 초등학교 고학년 정도가 되면 아이들이 받은 조기교육이 IQ에 미치는 영향이 희박해진다는 결과도 나왔습니다.[9] 물론 조기교육 덕에 아이의 재능이 더 빨리 빛을 발하는 경우도 있겠지만 그게 필수 요소는 아닙니다.

괜히 무리하게 공부를 시켰다가 아이가 '공부는 재미없고 힘든 것'이라거나 '시킬 때만 하는 것'이라고 잘못 생각하게 될까 봐 걱정도 돼요. 부모님이나 선생님 말씀을 잘 따라야 착한 아이라고 생각해 수동적으로 행동할지도 모르니까요. 맞습니다. 그럴 경우 처음에는 공부를 잘하는 것처럼 보이더라도 언젠가는 성적이 뒤처지고 맙니다. 공부든 운동이든 아이가 주체적, 능동적으로 임하는 것이 중요하니까요. 그러지 않으면 뇌에 좋은 자극을 줄 수 없고 오래 지속할 수도 없습니다. 따라서 부모의 역할은 아이가 뇌에 끊임없이 좋은 자극을 줘서 뇌를 성장시킬 수 있도록 아이 스스로 즐길 수 있는 대상을 찾게 도와주는 일입니다.

아이의 꿈은 부모가 보여준 세상보다 클 수 없다

아, 두뇌를 연구하는 교수님이시니 잘 아시겠지만 우리 아이들이 살아갈 미래에는 프로그래밍 능력이 필수잖아요. 그래서 아이에게 코딩 로봇을 사줬는데 눈길조차 주지 않더군요(쓴웃음). 아이가 흥미를 보일 만한 것을 찾아보고 선물해주다니 그것만으로도 훌륭한 부모인 것 같은데요? 그렇게 아이가 다양한 것을 접하다 보면 관심 있는 대상을 발견하게 될 겁니다. 앞에서도 강조했지만 당장은 공부와 직접적인 관계가 없다 해도 아이가 뭔가에 몰입하는 동안 뇌 성장이 촉진되고 이는 학습 능력 향상으로 이어질 테니까요.

그런데 처음에는 몰입하는 듯했지만 도중에 질려서 그만둔다고 하면 어떻게 해야 하나요? 스포츠 분야든 음악 분야든 모두가 세계적인 선수나 음악가가 될 수는 없잖아요. 예를 들어 축구를 좋아해서 유소년 축구 클럽에 등록시키고 열심히 훈련을 받게 했는데 어느 날 더는 축구가 재미없다고 한다면요? 그렇다 해도 일단 경험해 보는 것이 중요합니다. 아이가 뭔가를 하다가 포기한다 해도 "또 중간에 그만두는 거야?"라고 화를 내거나 꾸짖지 말고 무엇에든 도전하도록 격려해 주세요. 세계 곳곳에서 진행되고 있는 뇌 연구를 통해 스포츠나 음악으로도 공부 뇌를 키울 수 있고 학교 성적을 향상할 수 있다는 사실이 밝혀지고 있거든요. 자세한 이야기는 차차 말씀드리겠습니다.

어떤 이야기일지 빨리 들어보고 싶네요!

뇌과학자의 밑줄

1. 사람의 IQ는 약 50퍼센트가 후천적으로 결정된다. 즉, 꾸준히 노력하면 지능을 높일 수 있다. 하지만 IQ는 뇌를 평가하는 절대적인 기준이 아님을 명심하자.

2. 조기교육은 필수가 아니다. 아이가 억지로 공부하게 하기보다 주체적, 능동적으로 학습할 수 있는 태도를 길러줘야 한다.

3. 아이가 스스로 즐겁게 몰입할 대상을 찾을 수 있도록 계기를 만들어 주는 것이 부모의 역할 중 하나다.

4. 중간에 그만둔다 해도 새로운 경험을 하나 더 해보는 것이 중요하다.

성장할 때
뇌에서 일어나는 변화

　　교수님은 어린 시절부터 뇌에 관심이 있으셨나요? 원래 저는 이과대학 생물학과에 진학했습니다. 거기서 혈액의 적혈구에 관해 연구를 할 때였는데 문득 이렇게 실험실에서 기초연구를 하는 데 머무르지 않고 더 나아가 타인에게 또 이 세상에 실용적인 도움을 주는 일을 하고 싶다는 생각이 들었죠. 그래서 이과대학을 졸업하고 다시 공부해 의과대학을 나왔습니다. 이후 도호쿠대학 생명과학연구소에서 뇌에 관한 연구를 시작했고요. 지금까지 살펴본 뇌 MRI 영상을 세어 보니 약 16만 명분이더라고요. 5세 아이부터 80세 노인까지 엄청나게 많은 뇌의 횡단면을 본 셈이죠. 생명과학연구소에서는 사람이 태어나기 전부터 사망할 때까지의 일생을 대상으로 연구를 진행하고 있습니다.

16만 명분의 뇌 영상이라니 가늠조차 되지 않네요. 그렇게 많은 머릿속을 보고 나서 알게 된 사실은 무엇인가요? 여러 가지가 있지만 지금 이야기하기에 적당한 주제는 역시 아이 때의 뇌 성장이 이후 인생에 아주 큰 영향을 미친다는 점이겠죠. 예를 들어 수면 시간과 뇌의 해마 크기의 상관관계를 조사해 보니 8~9시간 자는 아이는 5~6시간밖에 자지 않는 아이보다 해마 부피가 큰 것으로 나타났습니다.[10]

잠자는 동안 아이의 해마가 자란다는 뜻이군요! 그렇습니다. 해마는 이름 그대로 실고깃과 바닷물고기인 해마처럼 생긴, 뇌 측두엽 깊숙한 곳에 자리하고 있는 부위를 말합니다. 앞서 잠깐 말씀드린 것처럼 해마는 일종의 기억 창고지기 역할을 맡고 있습니다. 외부에서 들어온 정보를 일시적으로 기억한 다음(단기기억) 이를 이후에도 계속 기억해야 할지 말지 판단하는 거죠. 기억해야 한다고 판단한 정보는 전두엽으로 보내 장기기억으로 보존하라고 지시하는데 이렇게 보존해 둔 정보를 기억해 내는 것도 해마의 작용 중 하나입니다.

● 해마는 측두엽 깊은 곳에 자리 잡고 있다

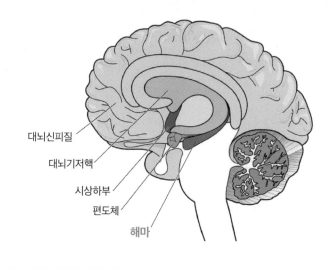

대뇌신피질
대뇌기저핵
시상하부
편도체
해마

기억을 관장한다니 매우 중요한 기관이네요. 그렇다면 해마의 부피가 클수록 그 기능도 좋은 건가요? 그렇습니다. 알츠하이머 들어보셨죠? 사람이 나이가 들어 알츠하이머형 치매에 걸리면 먼저 이 해마가 위축되기 시작합니다.[11] 단기기억에 장애가 생겨 아침밥 먹은 것을 잊어버린다거나 똑같은 말을 몇 번이나 반복하기도 하죠. 또 해마가 쪼그라들면 고차 인지 기능을 관장하는 전두엽이 위축되기 시작해요.

부모가 포기하면 뇌도 성장을 멈춘다

아이 뇌를 성장시키려면 해마 크기에 신경 써야겠네요. 그렇습니다. 혹시 신경세포(뉴런)가 죽으면 세포분열을 통해 새로 만들어지는 게 아니라 그걸로 끝이라는 얘기를 들어보신 적 있나요? 사람 뇌에는 약 1,000억 개의 신경세포가 있지만 이 말대로라면 그 수는 점점 줄어들기만 할 뿐인 거죠. 그렇지만 뇌 일부에서는 나이가 들어도 신경세포가 새롭게 만들어집니다.[12] 그게 바로 해마예요.

참 믿기 힘든 얘기네요. 아이의 뇌가 성장하는 것은 당연지사겠지만 성인이 되어도 뇌가 성장할 수 있다는 말씀입니까? 노화를 늦추는 데 온 신경을 써야 하는 것으로만 알고 있었는데요. 성인의 뇌라도 꾸준히 노력하여 계속 자극을 주면 당연히 성장할 수 있습니다. 이처럼 외부 자극에 대해 변화하는 힘이 있는 경우를 가리켜 '가소성이 있다'라고 말합니다. 아이 뇌든 성인 뇌든 꾸준한 자극을 받으면 당연히 성장할 수 있습니다. 그리고 성장을 계속하는 뇌야말로 우리가 지향해야 할 이상입니다.

그렇군요. 아이의 학습 능력이나 인지 기능이 부모의 기대에 못 미친다고 해도 아이 뇌가 변화할 수 있다는 믿음을 갖고 뇌를 성장시키는 요소들을 훈련해야겠네요. 맞습니다. 부모가 포기하면 아이 뇌도 성장을 멈추고 마니까요.

단련할수록 성장하는 뇌

해마를 제외한 신경세포가 전부 죽어간다면 인간의 뇌는 어떤 과정을 통해 성장하는 건가요? 아이든 성인이든 똑같습니다. 뇌는 정보를 처리하기 위해 신경세포끼리 신경전달회로(시냅스)로 연결된 복잡한 네트워크를 구축합니다. 그리고 이렇게 신경세포끼리 결합하면서 뇌의 부피가 증가해 가죠. 아이 뇌는 이 네트워크를 만드는 속도가 대단히 빠릅니다. 최근 연구에서 성인인 경우에도 뇌에 지속적인 자극을 주면 아이보다는 시간이 걸리지만 기존 네트워크를 강화하거나 새로운 네트워크를 확장할 수 있다는 사실이 밝혀졌습니다.

그래서 아이든 어른이든 꾸준한 노력이 중요하다는 거군요. 그래서 어떤 연구가 이뤄지고 있나요 2004년 과학 잡지

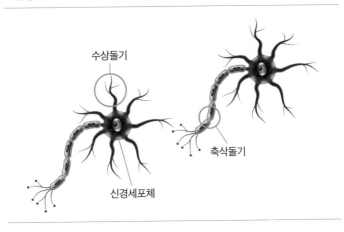

《네이처》에 실린 독일의 한 대학 연구 팀 보고서[13]를 시작으로 다양한 연구[14]가 이어지고 있습니다.

그런데 뇌에 지속적으로 자극을 준다는 건 정확히 어떤 의미인가요? 뇌를 최대한 사용해 뇌에 부하가 걸리게 하면 자극이 됩니다. 하지만 매일 똑같은 행동을 반복하는 건 뇌에 충분한 자극을 주지 못합니다. 따라서 새로운 일에 도전하는 자세가 중요하죠.

사람은 과로를 하면 피곤해지잖아요. 뇌도 지나치게 부하가 걸리면 피곤해진 세포가 죽거나 하진 않을까요? 전혀 그렇지 않습니다(웃음). 부하가 걸린 뇌는 적은 에너지로도 정보를 전달받을 수 있도록 네트워크를 확장하려고 합니다. 부하가 걸림으로써 새로운 네트워크가 생겨나거나 다른 네트워크가 강화되는 거죠.

적은 에너지로 많은 정보를 처리한다. 뇌는 효율성을 추구하는군요. 맞습니다. 사람의 몸무게에서 뇌가 차지하는 무게는 전체의 2퍼센트에 지나지 않지만 소비하는 에너지는 몸 전체의 20퍼센트를 차지합니다. 그렇기 때문에 뇌는 효율성을 높이기 위해 필요한 네트워크는 강화하고 불필요한 네트워크는 차단해 가급적 에너지를 절약하려고 합니다.

내가 좋아하는 건 뇌도 좋아한다

뇌에 부하를 건다고 하면 언론이나 광고에서 본 것처럼 퍼즐을 푸는 식으로 뇌를 훈련하는 방법이 먼저 떠오르는데 이런 것도 효과가 있나요? 퍼즐이 재밌는 사람에게는 퍼즐 풀이가 효과가 있습니다. 그런데 재밌어서 하는 게 아니라면 무리해서 남들이 좋다는 방법을 따라 할 필요는 없습니다. 뇌가 그런 활동을 고통스럽게 느끼면 스트레스가 쌓이고 오히려 해마가 위축될 수도 있거든요. 무엇이든 취미로 삼을 만한 것, 관심이 가는 것에 도전하는 편이 좋습니다. 심지어 일이라고 해도 스스로 재미를 느낀다면 괜찮고요.

결국 몰입 체험으로 이어지는군요. 그렇습니다. 저 역시 새롭게 취미가 될 만한 일들을 꾸준히 찾아봅니다. 최근에는 피아노, 드럼, 스노보드, 웨이트트레이닝 같은 데 빠져 지내기도 했어요. 자동차 모형 조립도 좋아하고요. 제 뇌의 네트워크는 숨 돌릴 틈 없이 바쁠 겁니다(웃음).

흥미를 느끼는 것에 몰두한다는 것은, 능동적으로 하는 거라 의미가 있다는 거군요. 성인이든 아이든 능동적으로 몰입하기 위해서는 지적 호기심이 매우 중요하죠. 뇌를 똑똑하게 만들어주는 가장 큰 원동력은 즐겁고 재밌는 일을 찾는 거예요. 그래야 몰입할 수 있고, 그 과정에서 자연스럽게 뇌에 부하가 걸릴 테니까요.

그러고 보면 후지이 소타(일본 천재 장기 기사로 프로장기 최연소 7관왕에 올랐다_옮긴이) 씨가 재미없는데 억지로 장기를 두시는 것 같진 않아요. 재밌는 연구 결과 하나 더 알려드릴까요? 장수하는 사람일수록 지적 호기심이 높다는 데이터가 있답니다. 100세 이상 노인을 조사해 보니 60~84세의 보통 고령자에 비해 남녀 모두 지적 호기심이 높게 나타났다고 해요.[15] 지적 호기심이 건강에도 좋은 영향을 미친다고 볼 수 있겠죠.

뇌과학자의 밑줄

1. 뇌를 성장시키는 데는 해마의 크기가 중요하다. 나이가 들면서 뇌의 신경세포가 죽더라도 해마에서는 새롭게 세포가 만들어지기 때문이다.

2. 충분한 수면은 해마의 부피를 키운다. 8~9시간 자는 아이는 5~6시간만 자는 아이보다 해마 부피가 크다.

3. 뇌는 에너지 효율성을 높이기 위해 신경세포끼리 네트워크를 구축한다. 뇌에 지속적인 자극을 주면 뇌에 부하가 걸리고 에너지를 절약하기 위해 새로운 네트워크가 형성되거나 기존 네트워크가 강화되는데 이 과정을 통해 뇌가 성장한다.

4. 뇌에 자극을 주기 위해서는 스스로 즐겁게 할 수 있는 새로운 도전을 끊임없이 해나가는 것이 좋다. '몰입 체험'과 '지적 호기심'을 다시 한 번 기억해 두자!

뇌 발달 순서를 알면 해야 할 게 보인다

학력을 높이는 방법은 알았으니, 이제 그럼 '지금 내 아이에게는 무엇을 시키는 게 좋은가'를 아는 방법이 있는지 궁금합니다. 발달 상황이 아이마다 다르니까요. 다른 집 아이는 할 수 있는데, 우리 아이는 못하는 게 있을 때 어떻게 받아들이면 좋을지도 궁금합니다. 실제로 아이의 뇌 성장 상황을 살펴보면 아이마다 차이가 있습니다. 다만 연령대에 따라 어떤 능력이 쉽게 성장하는 시기인지는 대략 정해져 있으니 그걸 참고하면 좋겠죠. 이 부분은 뒤에서 자세히 다루도록 하고 먼저 뇌의 발달 단계부터 살펴보도록 합시다.

뇌는 뒤에서부터 발달한다

뇌에도 발달 순서가 있나요? 대뇌 발달에도 개인차는 있지만 성장 순서나 시기를 살펴보면 흐름이 있습니다. 가장 눈에 띄는 부분은 뇌가 뒤쪽부터 발달하기 시작한다는 점입니다.[16] 생후 곧바로 발달하는 것이 뇌 뒤쪽에 있는 후두엽과 측두엽입니다. 아이가 세 살이 될 무렵이면 보고 듣는 것이 성인과 같은 수준까지 가능해지죠. 또 3~5세쯤 되면 뇌의 중앙부인 두정엽이 발달하고 운동령이 성장하기 시작합니다.

● **뇌는 뒤에서부터 발달하고 앞에서부터 쇠퇴한다**

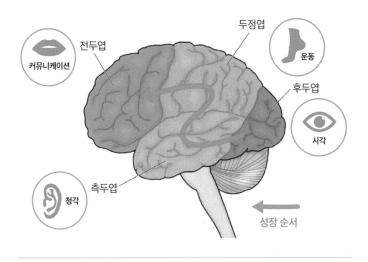

제 딸은 네 살이니 지금 운동 능력이 발달하고 있겠군요. 그렇죠. 그리고 마지막으로 발달하는 것이 뇌 앞쪽에 위치한 전두엽입니다. 초등학생이 될 무렵이면 아이의 사고나 감정, 언어와 커뮤니케이션 능력이 성장하기 시작합니다. 전두엽 발달은 12세 전후 사춘기 때 정점을 이루고 사람에 따라서는 20세 무렵까지도 성장합니다. 이 전두엽이 완전히 형성될 때 뇌 부피가 가장 커져 아이 뇌에서 성인 뇌로 탈바꿈하는 거죠.

뇌의 노화는 앞에서 시작된다

저희 아이는 뇌 발달 정점에 다다를 때까지 8년 남은 셈이네요. 뇌 발달이 정점에 도달해 성인 뇌로 완성되면 이제는 뇌의 노화가 천천히 진행됩니다. 신기하게도 노화는 마지막에 발달한 전두엽에서 시작됩니다. '뇌는 뒤에서부터 발달하고 앞에서부터 쇠퇴한다'고 생각하시면 됩니다. 오른쪽 사진을 한번 보시겠어요? 건강한 40세, 51세, 60세, 70세 남성의 뇌를 촬영한 MRI 사진입니다. 나이가 많아질수록 중앙에 있는 X자 모양 흰 부분(뇌실)의 크기가 커지는 게 보이시나요? 이게 바로 뇌가 위축되고 있다는 증거입니다. 건강한 사람이라도 나이가

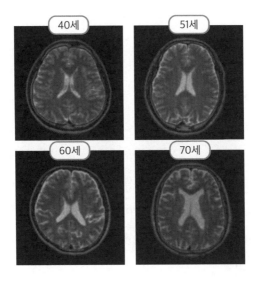

40세 51세

60세 70세

※ 각각 다른 사람의 뇌 MRI 영상

들면 뇌는 점점 쇠퇴하죠.

이렇게 눈으로 확인하니 기분이 이상하네요. 사실 저는 20대 때 우울증에 걸려 1년 동안 병가를 낸 적이 있거든요. 그 이후로 두뇌 회전이 둔해진 것 같은 기분도 듭니다. 우울증은 전두엽이나 해마를 위축시킬 수 있습니다.[17] 그래서 일시적으로 뇌 기능이 저하된 것처럼 느껴질 수도 있어요. 하지만 작가님은 날마다 글을 쓰고 계시니 그리 걱정하지 않으셔도 됩니다.

아이 문제와 상관없긴 하지만 제 경우 원고를 좀 더 빨리 쓰고 싶다는 열망이 있습니다. 어떻게 해야 뇌 기능을 끌어올릴 수 있을까요? 앞에서도 말씀드렸다시피 아이 뇌나 성인 뇌나 결국 뇌에 좋은 것은 똑같습니다. 뇌를 성장시키는 5가지 요소, '몰입 체험', '지적 호기심', '자기긍정감', '회복탄력성', '생활 습관'을 잘 유지하시면 됩니다. 여기에 하나 더 추가하자면 뇌의 노화를 가속화하는, 절대로 해서는 안 되는 일을 주의해야 합니다.

그게 뭔지 하나도 빠짐없이 알려주세요! 여기서 다 공개하면 책이 금세 끝나버리지 않나요(웃음). 똑똑한 뇌를 가진 아이에겐 어떤 특별한 힘이 있는지부터 살펴봅시다.

뇌과학자의 밑줄

---

1. 뇌는 뒤쪽부터 발달해 앞쪽부터 퇴화한다. 생후 곧바로 발달하는 것이 뇌 뒤쪽 후두엽과 측두엽으로 3세 무렵 아이는 성인과 같은 수준으로 보고 들을 수 있다. 3~5세쯤 되면 뇌 중앙부인 두정엽이 발달하고 운동령이 성장하면서 운동 능력이 길러진다. 초등학생 무렵에는 전두엽이 발달해 사고, 감정, 언어, 커뮤니케이션 능력이 성장하기 시작한다.

....

2. 뇌 발달은 12세 무렵 정점을 이뤄 아이 뇌에서 성인 뇌로 탈바꿈한다. 건강한 성인이라도 나이가 들면 뇌는 앞쪽부터 퇴화를 시작한다.

....

3. 우울증은 전두엽이나 해마를 위축시켜 일시적으로 뇌 기능이 저하된 것처럼 느껴질 수 있다. 이때에도 몰입 체험, 지적 호기심, 자기긍정감, 회복탄력성, 생활 습관의 5가지 요소를 잘 유지하면 다시 뇌를 성장시킬 수 있다.

....

성적을 결정하는 6가지 힘

전두전야에서 시작되는 성적 급상승의 비밀

아이의 학력을 높일 수 있는 방법들이 있다고요? 성적과 뇌의 관계에 대한 최신 연구 결과를 비롯해 수많은 논문을 조사해 보았습니다. 이 분야야말로 전 세계적으로 다양한 연구가 활발히 이뤄지는 분야니까요.

국가를 막론하고 어느 부모든 알고 싶어 할 테죠. 많은 논문을 읽어본 결과 '학업 성취도를 높이는 6가지 힘'에 관한 풍부한 과학적 증거를 찾을 수 있었습니다. 바로 실행기능, 지적 호기심, 창의성, 커뮤니케이션 능력, 자기긍정감, 그릿(끈기)입니다.

● 학업 성취도를 높이는 6가지 힘

① 실행기능	② 지적 호기심	③ 창의성
④ 커뮤니케이션 능력	⑤ 자기긍정감	⑥ 그릿(끈기)

'지적 호기심'이나 '자기긍정감'은 앞에서 여러 번 얘기해서 그런지 친숙한데요, '실행기능'이나 '그릿'은 낯서네요. 어떤 뜻인가요? 둘 다 다른 힘과 마찬가지로 뇌와 관련된 능력이라고 보시면 됩니다. 각각 어떤 의미인지 그리고 어떻게 그 힘을 키울 수 있는지 하나씩 설명해 드리겠습니다.

똑똑한 아이는 IQ보다 자기조절력이 높은 아이

실행기능부터 시작해 볼까요? 실행기능이 무슨 뜻인가요? 실행기능Executive Function이란 문제를 해결하는 최선의 전략을 파악하고 적용하는 기능을 말합니다. 이마 바로 안쪽, 전두엽에서도 앞쪽을 차지하는 전두전야에서 담당하는 기능입니다.[1] 실제로는 뇌의 다른 부분도 사용되지만 전두전야가 사령탑 같은 역할을 한다고 보면 됩니다.

구체적으로는 어떤 것을 실행하는 기능입니까? 계획을 세우고, 상황을 예측하고, 목표를 설정하고, 문제를 해결하며, 본능적인 충동을 억누르는 등 종합적인 인지능력을 실행합니다.[2] 심리학자들이 말하는 '인지조절'과 동일한 개념으로 봐도 무방합니다. 쉽게 말해 실행기능이 뛰어나면 두뇌 회전이 빠릅니다.

범위가 대단히 넓군요. 실행기능이 뛰어난 아이는 스스로 목표를 설정하고 계획을 세우는 데다가 자제심이 있으니까 공부도 잘할 수 있을 것 같네요. 실행기능이 사고력이나 IQ와 다른 건 뭔가요? 실행기능이 뛰어난 아이들은 사고력이나 IQ가 높을 수도 있지만, 대개는 자기조절력이 높습니다. 힘드니까 그만두고 싶고 포기하고 싶은 기분을 억누르고 옳은 방향으로 나아가기 때문에 성취도도 높을 수밖에 없죠. 실제로 자기조절력이 높으면 학업 성적이 좋고 주위 사람과도 잘 지내는 등 대인관계가 원만하다는 연구 결과가 있습니다.[3]

그럼 IQ가 높은 것보다 자기조절력이 높은 게 학업에는 더 도움이 될 수도 있나요? 다음 페이지의 그래프가 자기조절력과 학업 성취도의 관계를 잘 보여줍니다.[4] 대학생을 대상으로 한 조사인데 최종 GPAGrade Point Average(수강 과목의 평균 평점)가 세로축, 자기조절력 및 IQ가 가로축입니다. 가로축은 통계에서 사용하는 5분위 수로 실험 대상자를 성적순으로 배열했을 때 5번째 분위 수를 나타냅니다. 다시 말해 '5'는 상위 20퍼센트, '1'이라면 하위 20퍼센트를 뜻합니다. 자기조절력이 상위 20퍼센트인 사람의 성적이 IQ가 상위 20퍼센트인 사람의 성적보다 높고 반대로 자기조절력이 하위 20퍼센트인 사람은

● 자기조절력과 학업 성취도의 상관관계

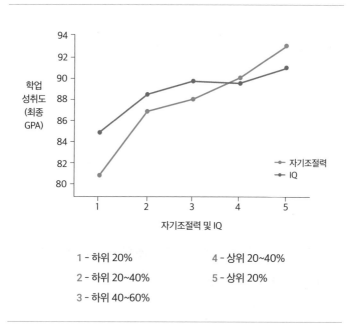

1 - 하위 20%   4 - 상위 20~40%

2 - 하위 20~40%   5 - 상위 20%

3 - 하위 40~60%

IQ가 하위 20퍼센트인 사람보다 성적이 낮은 것으로 나타나고 있습니다.

자기조절력은 규칙이 키운다

예상치 못한 결과네요. 자기조절력이 중요하다는 사실은 최근에 밝혀졌나요? 자기조절력에 관한 연구로는 '마시멜로 실험'이 아주 유명합니다. 아마 들어보신 적이 있으실 겁니다. 1960년 처음 진행된 실험인데[5] 실험 대상자는 4세 아이였습니다. 실험 내용은 간단합니다. 아이 눈앞에 있는 접시에 마시멜로 1개를 놓고 "이걸 지금 먹어도 되지만 15분 동안 먹지 않고 기다린다면 1개를 더 주마. 기다리지 못한다면 마시멜로는 더 주지 않아"라고 말한 다음 아이를 방에 혼자 있게 하는 겁니다. 이 실험에서 15분 동안 마시멜로를 먹지 않고 참아 2개를 받은 아이는 전체의 3분의 1 정도였다고 합니다.

저였어도 바로 먹어버렸을 것 같은데요(웃음). 이후 1988년 추적 조사가 이뤄졌습니다. 1960년 실험 이후 성장한 아이들의 학업 성적을 살펴봤더니 15분을 기다려 마시멜로를 2개받았던 그룹이 참지 못하고 마시멜로를 먹었던 그룹에 비해 성적이 월등히 좋았다는 겁니다.

자기조절력과 실행기능을 키우려면 어떻게 해야 하나요? 규칙을 만들고 그 규칙을 지키면서 좋아하는 일을 할 수 있게 해야 합니다.

제가 아이와 정해놓은 규칙은 씻는 시간, 잠자는 시간, 유튜브 시청 시간 정도예요. 그 외에는 '다른 사람을 불편하게 하면 안 된다'는 걸 철저히 가르치고 있는데 너무 규칙이 없는 걸까요? 아주 좋은 규칙 같은데요. 그런 규칙이 있어야 아이도 '이제 씻을 시간이네. 오늘은 그만 놀아야겠다' 같은 생각을 하게 되고 그러면서 전두전야가 자극됩니다.

앞에서도 말씀드렸지만 사실 저는 제 아이가 스스로 생각하고 행동할 수 있는 아이가 되길 바라거든요. 부모가 일일이 규칙을 만들어 아이를 억압하면 능동적이지 못한 아이가 될까 봐 불안해서요. 좋은 태도를 지니고 계시네요. 다만 무한한 자유는 어른에게도 방종이 되기 쉽지 않습니까? 아이 역시 스스로 생각하고 행동할 수 있게 하려면 큰 틀을 만들어 두고 그 안에서 끊임없이 시행착오를 겪게 하는 것이 좋습니다. 그러면 자연스레 자기조절력을 익힐 수 있습니다. 그 외에 가정에서 쉽게 할 수 있는 것들로는 역할 놀이나 부모와 아이가 함께 계획 세우기 등이 있습니다.

● **아이의 실행기능을 키우는 방법**

- 규칙 지키기
- 악기 연주하기
- 부모와 함께 계획 세우기
- 우선순위 정하기
- 역할 놀이
- 프로그래밍
- 운동이나 실외 놀이
- 작업 완수하기

뇌과학자의 밑줄

1. 과학적으로 증명된 학업 성취도를 높이는 6가지 힘이 있다. 실행기능, 지적 호기심, 창의성, 커뮤니케이션 능력, 자기긍정감, 그릿(끈기)이 그것이다.

....

2. 실행기능이란 계획을 세우고 상황을 예측하고 목표를 설정하고 문제를 해결하며 본능적인 충동을 억누르는 등의 종합적인 인지능력을 말한다. 실행기능이 뛰어난 아이는 학업 성취도도 높다.

....

3. IQ가 높은 아이보다 자기조절력이 높은 아이의 학업 성취도가 높다. 자기조절력과 실행기능을 함께 키우려면 아이 스스로 규칙을 정해 지키게 하는 것이 좋다. 그 밖에도 역할 놀이, 계획 세우기 등도 실행기능을 기르는 데 도움이 된다.

....

지적 호기심이 많은
아이가 공부도 잘한다

지적 호기심이야말로 뇌 성장의 원동력이라고 하셨잖아요? 그렇습니다. 어떤 연구자는 지적 호기심을 자신이 재밌다고 느끼는 것을 찾거나 이를 배우고 그에 몰두하는 것이라 정의합니다.[6] 아이가 지적 호기심이 있어 흥미를 느끼는 일에 자꾸 도전하다 보면 저절로 전두전야에 자극이 주어져 실행기능도 함께 성장한다고 보여집니다.

지적 호기심도, 실행 기능 같은 일종의 '기능'이라 보면 되는 건가요? 쉽게 설명하면 뇌의 '리액션'이라고 할 수 있습니다. 예를 들어 공룡 그림을 봤을 때 공룡에 흥미가 없는 아이는 '아, 공룡이네' 하고 시각 정보를 처리하는 데서 끝나버리지만 공룡을 좋아하는 아이는 거기서 더 나아가 '이 공룡의 이름은 뭐지? 육식일까 초식일까?' 같은 여러 의문을 품는 거죠.

다시 말해 지적 호기심이 이는 대상을 보면 뇌에서 더 폭넓은 네트워크를 사용한다는 거군요? 잘 이해하셨습니다. 원래 아이들은 호기심을 품고 태어납니다. 아기 때는 뭐든지 손을 대거나 입에 가져가서 탐색하려고 하죠. 좀 더 자라면 뭐든지 자기가 직접 하겠다고 조릅니다. 더 자라면 "그게 뭐야?", "왜?"라는 질문을 입에 달고 삽니다. 이게 다 호기심이 넘쳐 뇌 속 네트워크를 넓히려는 시기라 생기는 현상입니다. 그래서 호기심은 일부러 키워 줄 필요는 없습니다. 다만 아이의 호기심을 죽이지 않는 편에 신경 쓰셔야 합니다.

정말 그래요. 할 수 없는 일을 하고 싶다고 하거나 새로운 게 눈에 띄면 뭐냐고 물어보니까요. 가끔은 대답하기가 귀찮을 때도 있다니까요. 만약 그럴 때 부모가 "바쁘니까 나중에 말해줄게"라고 한다든지 "숙제는 다 한 거니?"라는 식으로 화제를 전환해 버리면 아이의 뇌 발달에 안 좋은 영향을 줄 수도 있습니다. 아이의 무의식이 '알고 싶다', '하고 싶다' 같은 네트워크를 사용하지 않는 게 좋다고 판단해 버릴 수도 있거든요. 아이의 질문에는 꼭 성의 있게 대답해 주셔야 '내 호기심은 긍정적인 반응을 불러오는구나'라고 느껴서 지적 호기심이 왕성한 아이로 성장할 수 있습니다.

호기심 영역을 넓혀라

지적 호기심은 아이에게 여러 방면으로 좋은 영향을 미치는군요. 그렇습니다. 관련 연구 결과도 참 많은데요, 지적 호기심이 있으면 집중력이나 정보처리 능력이 높아진다[7]거나 장래 전문 지식을 획득해 능력을 발휘할 수 있게 된다[8]는 보고도 있었습니다.

어렸을 때는 누구나 호기심이 넘치지만 자라면서 시험이라든지 여러 가지 해야 할 일들에 치이다 보면 호기심을 가질 새도 없이 시간이 흘러가 버리잖아요. 그렇습니다. 그래서 부모의 역할이 크다고 할 수 있죠. 앞에서도 말했지만 흥미를 느끼는 대상은 꼭 공부가 아니더라도 상관없습니다. 한 연구에 따르면 폭넓은 취미 활동이 학업 성적에 좋은 영향을 미친다고 나타났습니다.[9] '자기조절력이나 문제 해결 능력 등이 길러진다', '집중력이 생긴다', '어떤 취미는 학업과 이어질 수도 있다', '자기긍정감을 얻을 수 있다' 등이 그 이유로 꼽힙니다.

자기조절력이나 문제 해결 능력은 말 그대로 실행 기능이라 할 수 있겠군요. 다른 연구에서는 사춘기 때 댄스, 음악,

미술, 과학, 문학 창작, 연극, 스포츠 등의 여가 활동에서 일정 부분 성과를 낸 사람이 장래에도 성과를 낸다는 사실이 밝혀졌습니다.[10] 뭔가에 몰입해 성과가 나올 때까지 적극적으로 해본 경험이 공부든 미래의 어떤 일에서든 성과를 내게 한다는 뜻입니다.

결국 몰입 체험처럼 어떤 활동에서든 성과를 내본 경험이 요령으로 쌓이면 이후 공부를 할 때도 원하는 성과를 내는 데 도움이 된다는 거군요. 맞습니다. 이에 관한 재밌는 연구도 있습니다. 스포츠 선수 중 특정 분야의 초일류 선수는 그렇지 않은 선수와 비교할 때 그 분야가 주 종목으로 특화된 시점이 늦고, 그전에 여러 종목의 스포츠를 경험했다는 데이터가 그것입니다.[11]

정말 뜻밖이네요. 저는 그와는 반대로 아주 일찌감치 하나의 종목에서만 두각을 나타냈으리라 생각했습니다. 스포츠뿐만이 아닙니다. 학계에서도 노벨상 수상자는 다른 일반 연구자와는 달리 본격적인 예술 활동 취미가 있는 사람이 많다는 데이터도 있습니다.[12]

앞서 도쿄대 학생들이 보통 수준 이상의 몰입 체험을 한 경우가 많다고 하신 것과도 통하는 얘기네요. 당연한 얘기지만 뭘 하든 뇌는 결국 하나거든요. '공부용 뇌', '음악용 뇌', '운동용 뇌'가 따로 존재하는 게 아니라는 뜻이죠. 그러니 언뜻 보면 본래 목표와는 상관없는 활동일지라도 몰입만 하고 있으면 뇌는 분명히 성장합니다. 이 사실을 좀 더 많은 부모가 알아줬으면 하는 마음입니다.

아이의 지적 호기심을 키우는 방법

아이가 흥미를 느낄 것 같은 걸 찾아 여러 가지 제안은 해 보는데, 아예 눈길조차 주지 않고 시큰둥한 반응만 보여서 참 걱정입니다. 초조해하지 않으셔도 됩니다. 강조했다시피 지적 호기심을 기르기 위한 첫걸음은 아이가 폭넓은 지식에 접할 기회를 만들어 주는 일이니까요. 아이는 혼자서 정보의 안테나를 확장할 수 없습니다. '이 세상에는 이런 것도 있단다' 하고 주변 어른들이 가르쳐 줘야만 하죠. 저는 아이 전용 도감이나 백과사전을 활용하는 것을 추천하는 편입니다.

그러고 보니 제 딸은 "이거 읽어 줘요"라면서 언제나 동물도감을 가져옵니다. 그중에서도 어떤 동물이 인간을 잡아먹을지 아닐지가 아주 중요한 관심사인 것 같았어요(웃음). 지적 호기심이 불타고 있는 상태 같은데요. 만약 아이가 동물도감에 흥미를 보인다면 그다음에는 동물을 직접 볼 수 있는 곳에 데려가 생생한 체험을 시켜 주는 것이 중요합니다. 자료로 보던 동물이 눈앞에서 살아 움직이면 뇌의 네트워크가 더욱 활발하게 확장되니까요.

아이가 흥미를 보이는 게 있으면 그 자리에서 얼른 유튜브로 영상을 볼 수 있도록 하고는 있지만, 생생한 체험을 시켜 주는 편이 훨씬 낫겠군요. 동영상을 보여 주는 것도 물론 좋습니다. 다만 생생한 체험을 시켜 주는 편이 기억에 오래도록 강하게 남을 것이고, 그때의 두근거림이 한층 더 지적 호기심을 자극하리라고 생각합니다.

그런데 저는 사실 외출하는 걸 아주 귀찮아하는데 말이죠. 무리하시진 않아도 됩니다. 다만 야외 활동은 우리 몸이나 뇌, 정서 발달을 촉진하는 등 매우 다양한 효과가 있는 것으로 알려져 있습니다.[13] 곤충 채집, 낚시, 천체관측, 캠핑 같은 활동

말입니다. 예를 들어 매미를 잡았으면 함께 도감을 펼쳐놓고 바로 확인해 보는 것도 좋은 방법이죠.

아, 그런 거라면 저는 낚시가 취미니까 집 근처 개천에서 물놀이를 하는 것도 괜찮겠네요. 얕은 곳의 물줄기를 막아 물장구를 친다거나 붕어와 징거미새우를 낚시로 잡을 수도 있거든요. 제 방에 낚시 도구가 많아서 가끔 딸아이가 만져보게 해달라고 조르기도 한답니다. 정말 좋습니다. 뇌에는 다른 사람의 행위를 모방하는 아주 특별한 기능이 있고[14] 아이는 모방을 통해 여러 가지 능력을 획득한다는 사실이 속속 밝혀지고 있죠.[15] 결국 아이가 뭔가에 몰입하게 하기 위해서는 부모가 몰입한 모습을 보이는 것이 가장 좋습니다.

부모의 취미도 아이에게 좋은 영향을 미치는군요. 제 또다른 취미를 말씀드리자면, 최근 컴퓨터를 통해 음악 만드는 일에 관심을 보이게 되었습니다. 아직 초보자이기는 하지만 작곡과 피아노, 기타 연습도 하고 있어요. 프로그래밍을 통해 게임을 만들기도 하고요. 그래서 5평 남짓 되는 작은 방을 작업실로 꾸며놓고 그곳을 스튜디오 겸 낚시도구를 보관하는 방으로 활용하고 있어요. 최고입니다! 그러한 부모의 취미 덕에 지적 호기심이 왕성한 아이로 자랄 가능성이 두 배 이상 높아졌다고 생각합니다.

● **아이의 지적 호기심을 키우는 방법**

① 폭넓은 지식과 정보를 접하게 한다
- 어린이를 위한 도감이나 백과사전을 읽는다.
- 역사, 문화, 예술 등과 관련된 책(학습 만화도 가능)을 읽는다.
- 부모가 취미를 즐기고 있는 모습을 보인다.

② 생생한 체험 기회를 늘린다
- 다양한 야외 활동을 한다(곤충 채집, 낚시, 천체관측, 캠핑 등).
- 동물원, 박물관, 미술관, 과학관 같은 곳을 방문한다.
- 콘서트나 이벤트에 참석한다.
- 원데이 클래스(과자 만들기 등)를 통해 직접 배워본다.

뇌과학자의 밑줄

1. 지적 호기심은 뇌의 리액션을 바꾼다. 호기심이 많아 의문을 많이 품을수록 뇌의 네트워크가 확장된다. 아이의 지적 호기심을 키우기 위해서는 부모가 아이에게 폭넓은 지식을 접할 기회를 만들어 줘야 한다. 도감이나 백과사전을 활용하는 것도 좋은 방법이다.

2. 공부가 아닌 분야에 몰입해 성과를 낸 경험은 이후 학업에서 원하는 성과를 내는 데도 도움이 된다. 공부하는 뇌도 운동하는 뇌도 모두 '하나의 뇌'이니 무엇이 됐든 몰입해 본 뇌가 잘 성장한다.

3. 야외 활동은 우리 몸이나 뇌, 정서 발달을 촉진하는 등 매우 다양한 효과가 있는 것으로 알려져 있다. 곤충 채집, 낚시, 캠핑 등 아이와 함께 다양한 활동을 하자.

창의성은 수학과
물리에서 빛을 발한다

'예술적 사고가 직장인이나 사업가들에게도 필요하다'라는 말을 최근 자주 듣는데, 이게 학습에도 중요한 거군요. 그렇습니다. 주어진 일을 정확하게 처리할 뿐만 아니라 자발적으로 아웃풋output 할 수 있는 능력이 창의성이니까요. 창의성은 예술가에게만 필요한 것이라 여기는 사람이 많은데, 사실은 창의성이 높을수록 학업 성적도 좋다는 연구 결과가 있습니다.[16] 그 밖에도 초등학생, 중학생 중 창의성이 높은 학생일수록 '독해력'이 뛰어나고, '수학', '물리' 성적이 좋다거나[17] 9~12세 아이의 학업 성적은 창의성을 통해 예측 가능하다는[18] 연구 결과도 보도된 바 있지요.

창의성 높은 학생이 수학이나 물리 과목에서 학업 성취도가 높았다고 하신 점이 독특하다고 생각했습니다. 아무래도 창의성은 수학이나 물리 같은 이과 과목과는 거리가 먼 것처럼 느껴지거든요. 뭔가를 창조하는 능력이란 결국 기존의 것을 조합하는 능력이니까요. 창의성이 높으면 개별적 정보를 뇌에서 유기적으로 잘 연결할 수 있죠. 단순히 암기력으로 성적이 결정되는 과목에는 창의성이 별로 중요하지 않을지 모르지만 많지 않은 정보를 자기 나름대로 응용해야 하는 수학이나 물리 같은 과목에서는 창의성이 더욱 중요해집니다.

조합하는 힘이라… 그러고 보니 옛날에 취재한 적 있는 디자이너분이 똑같은 말을 하셨던 것 같습니다. "뛰어난 디자이너일수록 기존에 있던 것을 조합해 새로운 것을 만들어낸다"라고요. 맞습니다. 창의성이 높은 사람과 그렇지 못한 사람은 뇌의 네트워크도 다르다는 연구 결과가 있습니다.[19] 창의성이 높은 사람일수록 실행기능이 있는 전두전야와 대뇌변연계를 묶는 네트워크가 잘 작동된다고 해요.

창의성이 높은 사람일수록 전두전야 사용이 능숙하다는 뜻인가요? 창의성을 높이면 실행기능도 향상된다고요? 그렇게 말할 수 있겠네요.

창의성을 높이는 인풋과 아웃풋

그럼 아이의 창의성을 높이려면 어떻게 해야 할까요? 그림 그리는 도구나 블록 같은 걸 사주면 되나요? 창의성을 높이는 활동을 크게 '인풋'과 '아웃풋'으로 구분한다면 그림 그리기는 아웃풋 기회를 늘리는 활동이라고 할 수 있습니다. 그런 활동도 물론 중요하지만 아이 뇌에는 정보가 적기 때문에 일단 많은 '인풋'을 해줘야 합니다. 다양한 장르의 책을 읽게 하거나 그림이나 음악 등의 예술 작품을 보고 듣게 해주는 것도 필요해요.

이때도 미술관이나 공연장을 방문해 '진짜' 작품을 접하게 하는 것이 좋은가요? 온라인에서 찾은 이미지를 보여주거나 유튜브로 거장의 연주를 들려주는 대신 말이죠. 적절히 혼용하시면 됩니다. 유명 화가의 작품집을 사서 보여주고 나중에 관련 전시가 열리면 데려가 준다든지 집에 그림을 걸어두는 것도 좋습니다. 주말에 부모가 스피커로 재즈나 클래식 같은 다양한 장르의 음악을 듣는 것도 좋은 방법입니다.

그럼 아웃풋 활동으로는 무엇이 좋을까요? 아웃풋으로

추천할 만한 것은 악기 연주입니다. 멜로디에 맞춰 복잡한 곡을 기억해야 하기도 하고 손을 바쁘게 움직여야 해서 뇌에 상당한 자극을 주거든요.

아이에게 기타와 칼림바, 어린이 전용 신시사이저를 사주긴 했는데 별로 관심을 보이진 않더군요(쓴웃음). 앞에서도 얘기를 나눴지만 악기는 접근성이 낮은 게 사실입니다. 쉽게 접근할 수 있는 것이라면 역시 말씀하셨던 그림 그리기가 좋겠죠. 손으로 하는 활동을 좋아하는 아이라면 만들기도 좋을 겁니다. 어쨌든 본인이 몰입할 수 있는 것이 좋습니다.

그러고 보니 제 딸은 색칠하기나 도안을 보고 정해진 대로 블록이나 비즈를 놓는 놀이 같은 것은 참 잘합니다. 그런데 아무것도 없는 상태에서 자유롭게 만드는 놀이에는 그다지 적극적이지 않더라고요. 제 마음대로 뭔가 만들어 놓고 "정말 멋지지?"라고 호들갑을 떨며 흥미를 유발하려고 노력은 하고 있지만요. 아주 좋은 방법입니다. 창작을 어려워하는 아이는 아직 정보나 자신감이 부족한 상태일 수 있습니다. 인풋이 쌓이고 손재주가 늘어나 자신감이 붙으면 자연스레 '나도 아빠처럼 마음대로 만들고 싶다'고 생각할 거예요. 이때 명심

할 점은 아이가 창의성을 발휘해 아웃풋을 내놓으면 어른의 관점에서 비판하지 말고 결과의 형태에 얽매이지 말아야 한다는 것입니다. 재밌는 발상이라고 칭찬해 주면 좋아요. 아이의 창의성을 키우는 방법을 정리하면 다음과 같습니다.

● **아이의 창의성을 키우는 방법**

① 인풋을 늘린다
- 여러 장르의 책을 읽는다.
- 그림이나 음악 등의 예술을 접한다.

② 아웃풋을 늘린다
- 악기를 배우고 연주한다.
- 그림을 그린다(낙서라도 무방).
- 만들기를 한다.
- 뭔가에 몰두했다가 반대로 아무 생각 없이 멍하게 있어본다.
- 형식에 얽매이거나 비판하지 않는다.

뇌과학자의 밑줄

1. 창의성은 개별적 정보를 유기적으로 연결하는 힘으로, 창의성이 높은 아이는 수학과 물리 과목의 학업 성취도가 높은 것으로 나타났다.

....

2. 창의성을 높이기 위해서는 다양한 '인풋'과 '아웃풋' 활동을 하게 해줘야 한다. 인풋 활동으로 그림이나 음악 같은 예술 작품을 접하게 해주고, 아웃풋 활동으로 악기 연주, 그림 그리기, 만들기 등의 활동을 경험시켜주면 좋다.

....

다정한 말이
똑똑한 말을 이긴다

커뮤니케이션 능력이 학업 성취도와도 관련 있나요? 공감 능력이나 사회성에 영향을 미친다는 건 이해가 되지만 학교 성적이나 머리가 좋고 나쁜 정도와도 관계가 있다니 신기하네요. 커뮤니케이션 능력이나 공감 능력, 사회성이 좋으면 학업 성적도 뛰어나다는 사실이 다양한 논문을 통해 밝혀지고 있습니다.[20, 21, 22]

커뮤니케이션 능력은 뇌의 어떤 부분이 담당하고 있나요? 커뮤니케이션을 하기 위해서는 뇌의 다양한 영역을 사용해야 합니다. 감정의 인지, 언어, 공감능력, 사회성 등 여러 영역이 이용되지요.[23]

말만 잘해서 되는 게 아니군요. 네. 그 부분이 상당히 중요한 부분입니다. 아무리 청산유수로 말 잘하는 영업사원이라도 상대방의 마음을 헤아릴 수 없으면 계약을 성립시키기 힘들겠죠.

긍정적인 말은 어휘력과 IQ를 높인다

아이의 커뮤니케이션 능력을 높이려면 역시 부모가 대화를 많이 나누는 게 좋을까요? 그렇습니다. 학자들 대부분이 어렸을 때 부모와 많은 대화를 나누는 것이 아이의 IQ나 학업 성취도를 높이는 데 도움이 된다고 말합니다. 예를 들어 부모가 아이와 함께 지내는 시간이 많고 긍정적인 대화를 많이 나눴을수록 그 후 아이의 IQ가 높아진다[24]는 연구 결과가 적지 않습니다. 또 앞에서도 소개한 연구 결과지만 부모에게서 풍부한 어휘로 긍정적인 말을 자주 들으며 자란 1~2세 아이는 3세가 됐을 때 그러지 못한 아이보다 IQ가 1.5배 높았다[25]고 발표됐습니다.

차이가 그렇게나 큰가요? 참, 아이가 평소에 잘 쓰지 않는 어려운 단어를 쓰길래 알아보니, 유튜브를 통해서 다양한 어휘를 습득하더라고요. 그것도 커뮤니케이션 능력에 도움이 될까요? 언어를 습득하는 데 도움은 되겠지만, 종합적인 커뮤니케이션 능력을 키우는 데는 얼굴을 맞대고 이뤄지는 것보다 나은 것은 없습니다.

그렇군요. 그럼 언제부터 말을 많이 걸어야 할까요? 언어 습득에 대해 말씀드리자면, 생후 7~9개월 때 부모에게 많은 말을 들으며 자란 아이는 2세가 됐을 때 기본적인 언어 규칙이나 기초 문법을 상당히 이해하고 있다[26]는 연구 결과도 있습니다. 언어는 귀를 통해 기억하는 것이 먼저고, 그 후에야 말을 할 수 있게 되니까요. 따라서 아이가 어릴 때 폭포처럼 쏟아낸다고 할 만큼 다양한 어휘를 구사해 말을 걸어주는 것도 뇌 성장에 아주 큰 도움이 됩니다.

뇌를 자극하는 비언어 커뮤니케이션

아, 아이가 돌이 되기 전에는 말을 걸어봤자 부모의 혼잣말일 거라고 생각해서 열심히 말을 건 기억이 없는데, 반성이 됩니다. 아이에게 말을 건네지 않았다고 해서 아이가 영리해

지지 않는다는 뜻은 아니니 자책하지 마세요(웃음). 무엇보다 언어가 동반되지 않는 커뮤니케이션도 매우 중요합니다. 상대의 표정을 읽거나 분위기를 살피는 등의 기회를 늘려 주니까요.

비언어 커뮤니케이션 말인가요? 그건 어떻게 해야 하나요? 실제로 대화를 하다 보면 비언어 커뮤니케이션 기회는 자연히 생기기 마련입니다. 예를 들어 아이가 부모와 대화를 나누는 과정에서 비속어 같은 것을 사용했을 때 부모가 일부러 입을 굳게 다물고 슬픈 듯한 표정을 지어 보이는 것입니다. 그럼 아이가 '어? 왜 그러지?' 하고 생각하죠. 그 순간 뇌의 여러 영역이 자극을 받습니다.

무조건 말로만 전하려고 하지 말고 표정으로도 아이가 상대의 감정이나 기분을 읽을 기회를 줘야겠네요. 바로 그겁니다. 아이의 커뮤니케이션 능력을 키우는 방법을 정리해 보면 다음과 같습니다.

● 아이의 커뮤니케이션 능력을 키우는 방법

① 언어를 사용하는 커뮤니케이션을 늘린다

- 부모와 대화하는 시간을 최대한 늘린다.

- 아이의 이야기를 차분히 듣는다.

- 인사하는 습관을 들인다.

- 독서 습관을 들인다.

② 비언어 커뮤니케이션 방법을 늘린다

- 표정이나 몸짓으로 전달한다.

- 대면 커뮤니케이션을 늘린다.

뇌과학자의 밑줄

1. 어린 시절 부모와 많은 대화를 나눈 아이는 그러지 못한 아이보다 어휘력이 풍부하며 IQ도 높은 것으로 나타났다. 아이의 커뮤니케이션 능력을 키워주고 싶다면 아이와 많은 대화를 나누자.

2. 언어 커뮤니케이션 못지않게 비언어 커뮤니케이션도 중요하다. 표정이나 몸짓을 적절히 활용해 아이가 말 이외의 방식으로 상대의 감정이나 기분을 파악할 수 있게 하자.

기억은 자기긍정감을
높이는 열쇠

자기긍정감도 다시 등장했네요. 자기긍정감은 쉽게 말해 스스로에게 괜찮다고 말해주는 사고방식이라 할 수 있습니다. '할 수 있다'는 자기효능감과 자신을 소중하게 여기는 '자존감' 모두를 포함하는 개념이죠.

사실 자기긍정감만으로도 책 한 권 분량은 될 텐데요(웃음). 자기긍정감은 뇌의 어느 부분에서 만들어지나요? 뇌 영역으로 따지면 '자기 참조 처리'를 관장하는 영역(내측 전두전야, 후부 대상피질)과 '자기 평가'를 관장하는 영역(선조체, 내측 전두전야) 등과 관계가 있다고 알려져 있습니다.[27]

괜히 여쭤본 것 같네요(웃음). 쉽게 설명해 주시겠어요? 간단히 말하자면 '기억'과 '감정'입니다. 뇌는 여러 가지 정보를 저장하고 있는데 그중에는 자기 자신에 관한 정보도 있습니다. 그리고 이 정보는 바로 어렸을 때부터의 기억을 통해 만들어집니다. 성인이라면 스스로를 되돌아보고 직접 정보를 수정할 수도 있지만 아이에게는 쉽지 않은 일이죠. '아빠한테 이런 말을 들었다', '친구에게 이런 말을 들었다', '선생님한테 이런 말을 들었다' 같은 사소한 기억과 그 당시 감정이 겹겹이 쌓여 자기 이미지를 형성합니다. 따라서 자신을 부정당하는 환경에서 자란 아이는 자기긍정감이 떨어지고 인정받는 환경에서 자란 아이는 자기긍정감이 높기 마련입니다.

아이에게 긍정적인 피드백을 주어야 하겠네요. 자기긍정감이 높을수록 대학 성적이 좋고[28] 자기긍정감이 높은 그룹이 낮은 그룹보다 실행기능이 뛰어났다[29]는 논문도 있습니다.

성적이 우수해서 자기긍정감이 높을 수도 있는 거 아닌가요? 학교에서 늘 상위권이면 자신감이 있을 테니까요. 물론 그렇게 해석할 수도 있습니다. 성적이 우수하기 때문에 자기긍정감이 높아졌을 수도 있으니까요. 일종의 닭이 먼저냐 알이 먼저냐 하는 문제죠.

문제는 요즘 아이들의 낮은 자기긍정감

그럼 어떻게 해야 자기긍정감이 높아집니까? 칭찬을 해주는 게 가장 좋은가요? 그 이야기를 하기 전에 먼저 이 데이터를 볼까요? '나에게는 장점이 있다'고 답한 아이의 비율을 국가별로 비교한 것입니다.[30] 미국 아이들은 비율이 거의 60퍼센트에 달하는 데 반해 일본 아이들은 겨우 16퍼센트만이 자신을 긍정적으로 생각하는 것으로 나타났습니다.

● **국가별 아이들의 자기긍정감 비교**

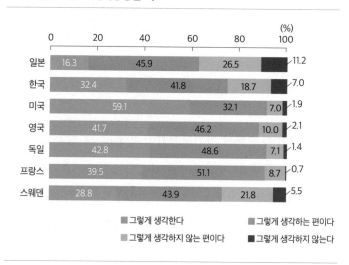

서글픈 일이네요. 그렇죠. 아이들이 '나는 별 볼일 없는 사람이다', '내가 할 수 있는 일이 아니다', '나는 안 돼' 하며 늘 의기소침해 있다고 생각하면 슬프기만 합니다.

왜 아이들의 자기긍정감이 낮을까요? 꾸중을 많이 들어서? 아니면 칭찬이 부족한 걸까요? 그런 것도 하나의 요인이 겠죠. 자주 칭찬받는 만큼 자존감도 강해진다는 연구 결과가 있으니까요.[31] 다만 부모의 꾸중이 무조건 나쁘다고 볼 수는 없습니다. 아이 때 칭찬을 엄청 많이 받고 그에 못지않을 만큼 꾸중도 자주 들은 아이는 그러지 못한 아이와 비교해도 자기긍정감에서 별다른 차이를 보이지 않습니다.[32] 다음 페이지의 데이터가 이를 잘 보여줍니다.

결국 칭찬이든 꾸지람이든 주변 어른이 아이에게 얼마나 관심을 가져주느냐가 중요한 거군요. 그렇습니다. 어른들이 그 아이를 얼마나 진지하게 대했는가 하는 점이 중요하다고 생각합니다. 꾸중을 많이 듣지만 그만큼 칭찬도 많이 받으면 아이는 '나에게 분명 신경을 써주고 있다', '나는 분명 사랑받고 있다'는 생각을 당연히 할 겁니다.

● 꾸중을 들어도 칭찬을 받는다면 자기긍정감이 길러진다

부모에게 칭찬받고 엄하게 꾸중을 들은 경험(어린 시절)

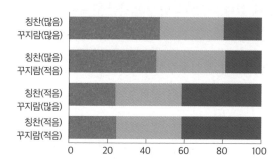

선생님에게 칭찬받고 엄하게 꾸중을 들은 경험(어린 시절)

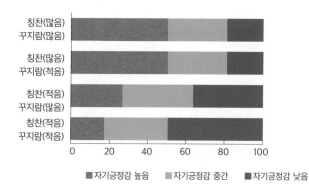

데이터를 다시 보니 선생님에게 그다지 칭찬받거나 꾸중 듣지 않은 그룹 아이들의 자기긍정감이 가장 낮게 나타나 있네요. 칭찬도 꾸중도 듣지 못하면 자신이 무시당한다고 느낄 수도 있겠군요. 맞습니다. 무시당한다는 감정은 자기긍정감의 큰 적입니다. 존재 자체를 부정당하는 것이니까요.

실패한 아이에게는 인정이 필요하다

일단 아이가 자기 존재를 인정받고 있다고 느끼게 하는 것이 중요하겠네요. 그렇습니다. 그런 다음 결과보다 노력을 칭찬하고 그 아이의 장점이나 단점도 어른들이 개성으로 받아들이며 무슨 일이든 아이 스스로 결정할 수 있는 분위기를 만들어 주는 것이 중요합니다. 노력을 칭찬하는 것만으로 학교 성적이 향상됐다는 연구 결과도 있어요.[33]

결과만 칭찬하다 보면 실패했을 때는 당연히 낙담하겠죠. 그래서 스스로 만족스럽게 생각하지 않는 거고요. 아이들이 실패하는 것은 어찌 보면 당연한 일입니다. 사실 어른도 실패하잖아요. 실패할 때마다 꾸중을 듣다 보면 자신감을 잃기 마련이고 그런 경험이 쌓이면 무슨 일에서든 머뭇거리며 망설이게 됩니다. 혹시 도전했다가 실패할까 봐 두려워서요. 그러니 일단은 실패를 인정해 줄 필요가 있습니다. 어른들조차 인정해 주지 않는데 아이 본인이 어떻게 자신의 실패를 받아들일 수 있겠습니까?

결과는 한눈에 보이는 거라 실패 역시도 쉽게 보이는 것 같아요. 그 점을 의식해서 실패하더라도 노력을 칭찬할 수 있도록 조금씩 연습해야 합니다. 무엇보다 주의를 기울여야 하는 것은 아이와 다른 아이를 비교해선 안 된다는 점입니다.

'누구누구는 잘한다던데 왜 너는 못하는 거니?' 같은 식의 표현 말이죠? 그렇습니다. 다른 사람과 비교하면 모든 의식이 결과로 먼저 향해 버립니다. 넘버원number one이 아니라 온리원only one을 중시했으면 합니다.

그런데 제 딸을 보니 또래 아이들에 대한 경쟁심이 보통이 아니더라고요. 제가 "자전거 타기 연습은 잘되고 있어?"라고 물으면 "재미없어"라고 답하는데 친구가 보조 바퀴를 뗀 자전거를 타는 모습을 보면 "나도 할래!"라면서 뛰쳐나가요(웃음). 아이란 본래 그런 존재입니다. 확실히 다른 아이가 뭔가에 도전하고 싶은 감정을 만들어 내는 촉매제 역할을 하기도 하죠. 그래서 뭔가를 잘하지 못했을 때 아이에게 어떻게 대하느냐가 더욱 중요합니다. '그 아이도 처음엔 많이 실패했을걸? 날마다 연습했기 때문에 지금은 잘할 수 있는 거야' 하며 아이를 위로하고 격려해 주는 것이죠.

아이에게 완벽한 부모는 필요 없다

실패를 두려워하지 않는 아이로 키우는 방법은 무엇이 있을까요? 아주 간단한 방법이 있습니다. 어른이 실패하는 모습을 보여주는 겁니다.

아! 누구나 실패할 수 있다고 느끼게 하는 거군요? 부모는 보통 완벽한 모습을 보여 주려고 애쓰잖아요. 그렇죠. 아이에게 좋은 부모가 되고 싶으니까요. 그런데 그게 아이에게는 압박이 될 수도 있거든요. 본래 완벽한 인간이란 존재하지 않는데도 '엄마나 아빠는 언제나 완벽한데 나는 부족해' 하는 식으로요. 또 아이가 실패했을 때 잘못을 지적하거나 '이렇게 해야지', '저렇게 하렴' 하며 참견을 하는 부모도 있습니다. 부모 입장에서는 자녀를 생각하는 마음에서 그런다는 걸 알지만 그게 지나치면 아이는 자신이 부정당했다는 마음을 떨쳐 버리지 못합니다. 게다가 아이에게 시행착오를 일으킬 기회조차 주어지지 않는 셈이니 각별히 주의해야 해요.

아이에게 더 좋은 방법을 가르쳐 주고 싶고, 아이가 다음에는 안 틀렸으면 하니까 잘못된 부분부터 지적하게 되는 것 같아요. 아이가 그 자체로 고유한 존재라는 인식이 부족한 탓일지도 모릅니다. 부모는 자녀를 자신의 분신이라고 생각하는 경우가 많잖아요. 하지만 아무리 자기 아이라 해도 아이 역시 타인이고 사람은 저마다 다르다는 사실을 기억해야 합니다. 따라서 자녀 교육에서 중요한 건 자기결정권입니다. 최소한의 규칙이나 제약을 만들어 줬다면 나머지는 '네가 하고 싶은 대로 해도 괜찮아', '네가 직접 결정해' 같은 말을 수시로 들려줘야 합니다. 그리고 주위 어른들도 아이의 실패를 인정하고 받아들이도록 분위기를 조성해 줘야 해요.

저는 '사람은 저마다 다른 게 당연하다'는 걸 늦게 깨달았는데, 제 아이는 빨리 알게 되면 좋겠네요. 뇌가 발달하는 시기는 뇌 부위별로 정해져 있으니 그때그때 잘하고 못하는 게 있는 것은 자연스러운 일입니다. 사람마다 생각하는 방식도 다르고요. 부모가 그 점을 늘 염두에 두면 좋겠지요. 그걸 고려하지 않고 어른들이 내가 바라는 대로 미처 자라지 않은 아이를 끼워 맞추려고 하면 부작용이 생기게 마련이죠.

부모라면 누구나 아이의 멋진 미래를 꿈꿔 보지 않나요? 명문대 수석 입학이라든지 노벨상 수상이라든지(웃음). 망상 그 자체는 나쁘지 않습니다(웃음). 다만 아이에게 부모의 꿈을 강요하면 절대 안 되겠죠. 부모가 아이에게 기대를 거는 건 당연한 일입니다. 다만 아이가 압박을 느낄 정도의 과도한 기대는 입 밖에 내지 않는 것이 아이를 위해서도 좋습니다.

결코 사소하지 않은 아이의 다양성

아이의 자기긍정감을 높이기 위해 그 밖에 할 수 있는 일이 있습니까? 아이에게도 '온리원'의 가치, 즉 다양성을 가르쳐 줬으면 합니다. 세상에는 각양각색의 사람들이 살아가고 있잖아요? 저마다 재능도 다르고 가치관도 다르다는 것을 평상시 대화를 나눌 때 잘 전해 주세요.

다이버시티Diversity 교육 말씀인가요? 그렇게 거창하게 받아들이지 않으셔도 됩니다. 그저 아이의 장점을 찾아내 말로 전달하는 일부터 시작하면 되니까요. 확실하게 말로 표현해 주면 아이가 그것을 인식하는 횟수가 늘어나 자기 이미지의 하나로 정착시키게 됩니다.

'너는 이런 면이 정말 천재적이야!' 하는 식으로 칭찬해 주면 되나요? 그렇게 과장할 필요도 없고 남들보다 월등히 뛰어난 능력이 아니라도 상관없습니다. 예를 들면 낙서를 하고 있을 때 '색깔 선택을 참 잘하는구나' 정도여도 돼요. 그렇게 사소한 좋은 점 열 가지가 합쳐지면 누구나 온리원이 될 수 있습니다. 또 아이 역시 타인의 좋은 점을 발견하고 칭찬할 수 있도록 그 방법을 가르쳐 주세요.

제 딸은 어린이집 친구의 단점만 얘기하던데요. 그걸 화제로 삼아 대화의 물꼬를 틀 수도 있겠네요. '그렇구나. 그런데 그 아이의 어떤 점이 대단하다고 생각하니?', '그럼 마음에 드는 점은 뭐야?' 하는 식으로 말을 건네는 것도 괜찮습니다. 네 살이라면 아직 어려울 수도 있지만 그런 방향으로 대화를 계속하다 보면 다양성을 배워갈 수 있을 겁니다.

그런데 부모가 다양성에 대한 인식이 낮아도 아이에게 다양성을 가르칠 수 있나요? 할 수 있고말고요. 사람의 사고방식이 쉽게 바뀌지는 않지만 일단 자기 아이에 대해 확고한 원칙을 세워놓되 다른 사람과는 절대로 비교하지 마세요. 있는 그대로 받아들이는 게 핵심입니다. '이 아이의 장점은 뭘까', '이 아이는 어떤 일에 쉽게 열중하지?', '이 아이 나름의 방식이 있어' 하는 식으로 말입니다. 그렇게 자신의 사고방식부터 조금씩 바꿔 나가는 겁니다.

맞아요. 성인의 뇌에도 가소성이 있다고 하셨잖아요.[34] 정확히 기억하시네요. 사람의 사고방식은 분명 바꿀 수 있습니다. 그럼 아이의 자기긍정감을 높이는 방법을 정리해 볼까요.

● 아이의 자기긍정감을 키우는 방법

① 아이를 대하는 태도를 바꾼다

- 결과가 아니라 노력을 칭찬한다.

- 아이의 장점이나 단점을 개성이라 여기고 받아들인다.

- 감사하는 마음을 갖도록 가르친다.

② 다양성을 가르친다

- 자신의 좋은 점을 찾아낼 수 있게 한다.

- 타인의 좋은 점을 찾아내게 한다.

- 자신의 강점을 키울 수 있도록 도와준다.

뇌과학자의 밑줄

1. 자기긍정감이란 스스로에게 괜찮다고 말해 주는 사고방식이다. '할 수 있다'는 자기효능감과 자신을 소중하게 여기는 '자존감' 모두를 포함하는 개념으로 꾸중이든 칭찬이든 자신을 인정받은 아이들의 자기긍정감이 높으며 자기긍정감이 높을수록 학업 성취도도 높아진다.

....

2. 아이의 자기긍정감을 높이려면 실패를 받아들여야 한다. 아이가 마음껏 시행착오를 겪게 하고 이 세상에 완벽한 사람은 없으며 누구나 실패한다는 사실을 알려 주기 위해 부모가 실패하는 모습을 보여 주는 것도 좋다.

....

3. 아이에게 다양성을 가르치면 자기긍정감을 키우는 데 도움이 된다. 누구나 자기만의 재능이 있음을 알려 주고 아이가 자신의 장점을 찾아낼 수 있도록 사소한 것이라도 잘하는 일을 칭찬해 본다. 또 아이 역시 타인의 다양성을 배울 수 있도록 친구의 좋은 점을 찾아 말해 보게 하자.

....

IQ를 뛰어넘는 끈기, 그릿

그릿이란 정확히 무슨 뜻인가요? 그릿GRIT은 쉽게 말해 끈기, 즉 뭔가에 도전해 도중에 포기하지 않고 끝까지 해내는 힘입니다. Guts(투지), Resilience(회복력), Initiative(자발성), Tenacity(집념)의 머리글자를 따서 만든 말이죠.

구글에서 '그릿'을 검색하면 베스트셀러가 나오더군요.[35] 맞습니다. 책은 2016년 출간됐는데 사실 그 책의 저자이자 심리학자인 앤절라 더크워스 박사는 그보다 10년 전쯤부터 여러 논문을 통해 그릿의 중요성을 역설해 왔습니다.

이 개념이 갑자기 주목받은 계기는 무엇인가요? 그릿이 학업에서의 성공을 결정하는, IQ를 뛰어넘는 지표라는 의외성 있는 메시지가 있었기 때문입니다.[36] 이전까지 사람들은 일로

든 공부로든 성공하는 사람은 IQ가 높다고 생각해 왔는데 더크워스 박사는 '그보다는 그릿이 미치는 영향이 더 크다'고 강조한 거죠.

아무리 머리가 좋다 해도 끝까지 해내지 않으면 결과를 얻을 수 없기 때문이겠군요. 그렇습니다. 반대로 IQ는 떨어져도 그릿이 있으면 부족한 면을 충분히 보완할 수 있다는 말이 되고요. 그릿이 있는 사람일수록 인생의 행복도가 높다는 연구 결과도 있으니까요.[37]

어떤 사람이 그릿이 있는 사람인가요? '나라면 할 수 있어' 하는 자신감이 있는 사람입니다. 곧바로 결과가 나타나지 않더라도 언젠가는 당연히 가능하다고 생각하는지가 중요합니다. 그릿이 없는 사람은 기본적으로 '나는 무리야' 하면서 미리 포기해 버리거든요.

저는 그릿이 없는 사람이군요(쓴웃음). 자기긍정감과 마찬가지로 그릿이 있는지 없는지 역시 결국 자신의 기억에 좌우되기 때문에 성공 경험이 중요한 역할을 합니다. 또 결과를 결정하는 것이 재능이 아니라 노력이라고 생각할 수 있는지도 중요합니다. 성공은 재능으로 정해진다고 굳게 믿으면 작은 장애물만 만나도 포기해 버리기 쉬우니까요. 하지만 노력으로 성공할 수 있다고 생각한다면 어려운 상황에 놓이더라도 공부량을 늘리거나 선생님에게 조언을 구한다거나 하면서 장애물을 헤쳐나가려고 할 겁니다.

첫 성공 경험은 부모와 함께

하지만 어쩐지 아이에게 끈기를 갖고 끝까지 해내라는 투지를 강요하고 싶진 않습니다. 태어날 때부터 끈기가 없는 아이도 있잖아요? 물론 하고 싶지도 않은 일을 강요해서 스파르타식 훈련을 시키는 건 구세대 방식이죠. 다만 끈기는 후천적으로 얼마든지 키울 수 있습니다.

어떻게 말입니까? 가족 모두 아이가 끝까지 해낼 수 있는 일에 도전하는 겁니다. 예를 들어 함께 땀을 흘리며 등산을 하는 것도 좋습니다. 하루 몇 시간이면 끝낼 수 있으면서도 아이 기억에는 오래도록 강렬하게 남죠.

그러고 보니 제가 고등학생 때 등산부였습니다. 산을 오르는 코스를 몇 개로 나누고 '이번에는 여기까지 가야지' 하는 식으로 목표를 정했어요. 그리고 한 걸음 한 걸음 발길을 옮기다 보면 '벌써 여기까지 올라왔다고?' 하면서 놀라는 순간이 꼭 있었습니다. 그렇게 정상에 다다랐을 때 마침내 해냈다는 정복감은 분명 일상생활에서는 맛볼 수 없는 짜릿한 감정이었죠. 그런 체험을 어렸을 때 많이 한 아이는 끈기가 생기기 마련입니다. '한번 한다고 결정했으면 끝까지 해내라!' 같은 근성론을 들이밀지 않아도 됩니다. '이거라면 우리 아이도 몰입할 수 있을 거야' 하는 것을 부모가 잘 찾아내고 목표 설정 방법도 자연스럽게 가르쳐 나가면 돼요. 한눈팔 생각조차 못할 만큼 몰입할 수 있는 일이라면 아무리 힘들더라도 고통으로 느끼지 않을 겁니다.

목표를 세분화하면 끝까지 해낼 확률이 높아진다

목표 설정 방법을 가르치라고 하셨는데 목표를 어떻게 세우는 게 좋을까요? 조금 전 등산 이야기를 하시면서 코스를 나눠두고 단계별로 산을 올랐다고 하셨잖아요? 그것과 똑같습니다. 어떤 일을 하려고 할 때 앞뒤 생각 없이 무작정 시작해선 안 됩니다. 일단 장기적인 큰 목표를 정하고 그것을 다시 작은 목표로 세분해 하루하루 달성해 나가면 끝까지 해낼 확률이 높아지죠. 특히 공부를 통해 장기적으로 달성해야 할 목표는 당연히 클수록 좋을 겁니다. 당장 눈앞에 닥친 시험에서 목표를 향해 차근차근 단계적으로 공부한 학생이 단지 좋은 성적을 얻는 것만 의식한 학생보다 향상된 성적을 보여 줬다는 연구 결과가 있습니다.[38]

아이에게 장기 목표를 갖게 한다는 게 어떤 의미인지 잘 그려지지 않는데요. 장래의 꿈을 가질 수 있게 해 주는 겁니다. 예를 들어 제 아이는 과학을 아주 좋아하는데 지금 꿈은 '해양생물학자'입니다.

과학자보다는 구체적인 꿈이네요. 아이에게 해양생물학자가 되려면 어떻게 해야 하느냐고 물었더니 곰곰이 생각하다 '해양대학에 가야 한다'고 대답하더군요. 그래서 다시 '그럼 해양대학에 가려면 어떻게 해야 하지?' 하고 물었습니다. 이런 식으로 목적과 수단을 자꾸자꾸 분해하다 보면 최종적으로 오늘 하는 공부의 의미를 이해할 수 있게 되죠.

장기 목표는 구체적인 편이 좋습니까? 제 딸의 꿈은 '아빠한테 시집가는 것'이라고 하던데요(웃음). 아빠로서 참 뿌듯하시겠어요(웃음). 목표가 구체적일수록 실현 가능성이 커진다고 생각합니다. 저도 다시 의과대학에 입학하려고 했을 때 공부할 수 있는 기간이 반년밖에 없었습니다. 하지만 그 반년 동안 제가 청진기를 걸고 다니며 일에 몰두하고 있는 모습을 아주 생생하게 떠올렸어요. '이 목표를 실현하기 위해 뭘 해야 할까', '이번 달에는 뭘 해야 할까', '오늘 꼭 해야 하는 일은 뭘까' 항상 생각하면서 지냈고요.

어린 아이도 이 사고 패턴을 연습할 수 있을까요? 장래의 꿈이라는 건 유치원 아이라도 한두 가지 정도는 있지 않습니까? 목표를 세세하게 나누는 것과는 별개로 장기 목표는 있는 편이 좋습니다.

아이가 장기 목표를 가질 수 있게 하려면 어떻게 해야 하나요? 아이에게 직접 물어보세요. 기회가 있을 때마다 부모가 "나중에 커서 무엇이 되고 싶니?"라든지 "꿈이 뭐야?"라고 물으면 그때마다 아이는 생각해 볼 겁니다. 그러면서 뇌에서 특정 네트워크를 사용하게 되고요. '맞아, 맞아. 나는 과학자가 될 거야' 하는 식으로요. 이처럼 현재 자신과 장래 자신을 대비하는 정신작용을 '심리적 대비'라고 합니다.[39] 이런 심리적 대비를 자주 하도록 기회를 만들어 주는 것이 중요합니다.

아이가 장기 목표를 세우지 못한다면

그런데 교수님께서는 혹시 자녀가 의사가 됐으면 좋겠다거나 하는 바람이 있습니까? 제가 의사이기 때문인지 내심 그런 바람이 있는 것 같기도 합니다(웃음). 그렇지만 "의사가 돼라"라는 말은 절대로 입 밖에 내지 않아요. 스스로 결정한 게아니라면 몰입할 수 없고 부모의 과잉 기대는 아이 뇌에 압박으로 작용해 아이가 좋은 결과를 내지 못하게 하니까요. 그래도 아이가 《일하는 세포》라는 만화[40]를 열심히 읽고 있고 '대식세포macrophage'라든지 '소장의 파이어판Peyer patch' 같은 전문용어가 등장하는 대화를 집에서 자주 나누니 의사 일에 흥미를 가질 가능성은 있지 않을까 합니다. 여기에 더해 '의사가 되면 여러 사람을 행복하게 할 수 있다'거나 '국경 없는 의사회에 들어가면 온 세상을 돌아다닐 수 있다', '연구하는 게 좋다면 평생연구만 하며 살 수도 있다'는 등 의사라는 직업의 매력이나 가능성을 어필하고 있습니다(웃음).

'된다면 좋은 점이 이렇게 많아'라고 알려주는 정도라면 아이도 압박으로 느끼진 않겠군요. 그렇습니다. 무엇보다 아이가 최종적으로 정한 목표가 의사가 아니더라도 스스로 나아가고 싶은 길을 찾아내기만 한다면 부모로서는 더할 나위 없이 좋은 일이죠.

그런데 요즘은 '무엇이 되고 싶어?' 하고 물어도 아무 대답도 하지 못하는 아이가 적지 않은 것 같습니다. '되고 싶은 직업 순위'라는 게 매스컴에도 자주 오르내리지만 진정한 1위는 '모른다'가 아닐까 하는 생각이 들 정도입니다. 예리하시네요. 그렇지만 '모른다'도 상관없습니다. 일찌감치 장래 꿈을 결정하지 않았다고 그렇게 되지 못하는 것도 아닌 데다 본인이 콕 짚어내지는 못할지언정 막연하게나마 머릿속에 그려지는 이미지는 있을 테니까요.

아이가 장래 꿈이 뭔지 모른다고 하면 어떻게 해야 할까요? 아동용 직업 도감 같은 책을 집에 놓아두거나 일의 종류가 얼마나 다양한지 평상시 대화를 통해 알려주는 방법이 있습니다. 요즘에는 아이들이 각종 직업을 놀이 형식으로 체험해 볼 수 있는 공간도 많으니까요.

그러고 보니 요즘 아이들은 유튜버가 되고 싶다는 말을 자주 하더라고요. 우리 아이가 그런 말을 하면 어떻게 해야 할지 모르겠네요. 요즘 아이들에게 유튜버는 가장 화제성 높은 직업이니 그렇게 생각하는 게 당연할지도 모릅니다. 최근에는 코로나19로 의료 현장이 주목받고 있어서인지 의과대학 지원자도 증가하고 있다고 하더군요.

뉴스에서 연일 다루니 동경하는 아이들이 많아지는 모양이네요. 부모는 가급적 아이의 꿈을 존중해 주고 가능한 범위에서 응원해 주는 게 좋다고 생각합니다. 유튜브가 계기가 돼서 콘텐츠를 만드는 데 눈을 뜨거나 영상이나 연극의 세계에 흥미를 가질 수도 있죠. 뭔가에 몰입하면서 끈기를 기를 수도 있고요. 그런 면에서 의미 없는 체험은 없다고 할 수 있습니다.

모든 공부는 실패를 반복하며 완성된다

아무래도 신경 쓰이는 것은, 무언가에 도전하여 실패했

을 때는 어떻게 해야 하는가입니다. 시험이 좋은 예겠지요. 끝까지 해내는 힘을 키워주기 위해 도전을 시켰는데, 거기서 좌절을 경험하고 오히려 '포기하는 힘'이 생기게 되면 어떻게 하지, 하는 걱정이 들거든요. 기본적으로 좌절하더라도 노력을 멈춰선 안 되는 게 맞겠죠. 사실 저도 고등학교 졸업 후 교토대학교 이과대학에 입학시험을 봤다가 떨어졌습니다. 그때는 마음의 상처가 컸고 어쩐지 분한 마음도 들었습니다. 하지만 반년 뒤 다시 응시해 합격할 수 있었어요. 분한 마음이 자극제가 되어 줬고 한 번의 실패를 교훈 삼아 다음번 대책을 더 철저히 세웠던 덕이라고 생각합니다.

좌절이 오히려 원동력이 될 수도 있다는 거군요. 그렇습니다. 좀 극단적인 말일 수 있지만, 저는 노력을 멈추지 않았다면 결과가 어찌 됐든 실패라고 볼 순 없다고 생각해요. 어떤 아이가 고등학교 입시에 실패해서 특목고에 가지 못하고 일반고에 진학하게 되었다면 누군가는 특목고 입시에 실패했다고 생각할 수 있지요. 하지만 누군가는 그걸 도약의 기회로 삼아서 대학 입시를 위해 더욱 열중한다면 도전은 아직 끝나지 않은 셈이지요.

좌절에 굴하지 않고 자랄 수만 있다면 좋겠네요. 지금까지 끝까지 해내는 힘의 중요성을 이야기했지만 뭔가를 끝까지 해낸 것만 대단하다는 뜻은 아닙니다. 그와 반대의 시각도 있거든요. 예를 들어 《그릿》과 자주 비교되는 《늦깎이 천재들의 비밀(원제: 레인지RANGE)》이라는 책[41]이 그중 하나입니다. 이 책에서는 한 가지를 끝까지 해내지 못한다 한들 이것저것 다양하게 도전해 '폭넓은 체험'을 하는 것이 오히려 더 도움이 되는 경우도 많다고 주장합니다.

저는 과거에 여섯 가지 직업을 전전하다 마침내 작가가 됐으니 누가 뭐래도 '레인지'파라 할 수 있겠네요. 분명 과거의 다양한 경험을 지금 충분히 활용하고 있다는 생각은 들거든요. 당연히 활용하고 계실 겁니다. 원래 지적 호기심을 수직으로 파고들면 그릿이 되고 수평으로 확장해 가면 레인지가 되니까요. 뇌 중심으로 생각하면 그릿이나 레인지 모두 똑같은 말입니다. 앞에서 소개했듯이 초일류 스포츠 선수가 한 가지 종목에서 명성을 떨치기까지 오랜 시간이 걸리기도 하잖아요.[42] 또 노벨상 수상자가 본격적인 예술 활동 취미를 갖는[43] 것도 따지고 보면 레인지라 할 수 있죠.

교수님의 성향은 그릿과 레인지 중 어느 쪽에 가깝습니까? 저는 레인지파로 수평으로 넓혀가는 걸 기본으로 삼고 있다고 생각합니다. 그러면서도 '바로 이거야' 하고 생각한 것은 그릿파처럼 깊이 파고들죠. 결국 두 가지가 적절히 조합돼 있다고 할 수 있겠네요.

그렇게 조합하는 것이 좋은 방법일 수도 있겠어요. 교수님과는 반대로 그릿파로 깊이 파고드는 걸 기본으로 삼으면서 그 주변을 레인지파처럼 넓혀가는 경우도 있을 수 있겠고요. 당연히 그렇습니다. 전문직이라면 그런 조합도 나쁘지 않을 겁니다. 마지막으로 아이에게 그릿을 심어주는 방법을 정리해 볼까요?

● 아이의 그릿을 키우는 방법

- 가족과 함께 끝까지 해낼 수 있는 일에 도전한다.
- 아이가 흥미를 느끼는 일을 인생의 장기 목표와 연결 짓는다.
- 큰 목표를 작은 목표로 세분하고 하나하나 달성해 나간다.
- 작은 목표의 달성을 반복하면서 자신감을 키워 간다.
- 나는 해낼 수 없다는 나약함을 털어내고 노력이 중요하다는 자세를 견지한다.

뇌과학자의 밑줄

1. 그릿은 뭔가에 도전해 도중에 포기하지 않고 끝까지 해내는 힘을 뜻한다. 그릿이 IQ보다 학업 성취도에 큰 영향을 미치며 그릿이 있는 사람일수록 인생의 행복도가 높다는 연구 결과가 있다.

2. 장기 목표를 세우고 그 목표를 세분해 단계적으로 달성해 나가면 끝까지 해낼 확률도 높아진다.

3. 아이가 장기 목표를 세우지 못한다면 다양한 일의 종류를 접하게 해 주자. 어떤 장래 희망이든 가급적 존중해 주며 가능한 범위에서 응원해 주는 게 좋다.

4. 하나의 일을 끝까지 해내지 못했다고 해서 실망할 필요는 없다. 그릿파와 달리 레인지파는 수평적으로 다양한 경험을 하며 성장한다.

6가지 힘,
아이에게 활용하는 법

6가지 힘에 대해서 하나씩 들을 때는 '그렇구나' 하는 생각이 들었지만, 각각의 힘을 한꺼번에 전부 키우자니 꼭 해줘야 할 일들이 많을 것 같아서 어렵네요. 그러면 여기서는 6가지 힘을 전부 겸비하고 있을 '도쿄대생'에 대해 한번 훑어볼까 합니다.

'도쿄대생은 일반 사람과는 아주 다른 몰입 대상이 있다'고 말씀하셨죠? 맞습니다. 제가 감수한 《도쿄대생 뇌로 키우는 법》[44]을 보면, 도쿄대생의 공통점에 대해 정리한 내용이 있습니다.

● 도쿄대생들의 공통점

- 보통 사람과는 다른 몰입 체험을 한다(음악, 미술, 스포츠, 게임 등).
- 자연이나 다른 문화를 접하는 등 다양한 체험을 한다.
- 부모와 자녀가 함께 여러 가지 체험을 한다.
- 부모와 자녀 사이가 원만해 끊임없는 커뮤니케이션이 이뤄진다.
- "공부해라"라는 말을 듣는 경우가 별로 없다.
- 공부는 대체로 거실에서 한다.
- 본인은 물론 가족들도 규칙적인 생활을 한다.
- 공부 자체를 좋아하고 효율성을 중시한다.

공부를 억지로 하는 듯한 느낌이 전혀 들지 않는군요. 게다가 자신의 의지로 하는 데다가 부모가 공부 스트레스를 주지 않는다는 생각이 드네요. 제대로 보셨습니다. 아이 때 공부 외에도 여러 경험을 쌓고, 집에서도 안정감을 갖고 생활하면서, 자기 나름대로 시행착오를 겪으며 스스로 공부해 왔을 듯한 느낌이 들지요. 물론 도쿄대생 모두가 이런 환경에서 자라지는 않았겠지만, 자녀를 교육하는 데 참고할 만할 겁니다.

참고가 되고 말고요. 그런데 나머지는 이해가 가는데, 거실에서 공부는 무엇입니까? 자기 방이 아니라 거실에서 공부한다는 뜻입니다. 부모와 커뮤니케이션이 잘되는 아이는 거실에서 공부하는 경향이 있습니다. 저도 학창시절 거실 공부파여서 잘 압니다. 어려서부터 생활 소음을 들으면서 공부하는 것이 습관처럼 굳어져서인지 거실에서 공부할 때 오히려 집중이 더 잘 됐거든요. 제 방이라면 만화책이며 침대며 유혹에 빠질 것들이 많아서 의외로 집중하기가 어려웠습니다.

아직 아이에게 책상을 사 주지 않았는데 어디에 두어야 할지 고민 안 해도 되겠네요. 한 잡지에서 취재한 '도쿄대생 174명의 초등학생 시절'이라는 특집 기사 중에 '도쿄대생이 초등학생 시절에 부모한테 자주 듣던 말'이 소개된 적 있어요.[45] 이 역시 부모님들에게 참고가 될 듯합니다.

● 도쿄대생이 초등학생일 때 자주 듣던 말

• 좋아하는 일이라면 뭐든 해 봐.

• 공부는 하고 싶을 때 하렴.

• 네 인생이니까 스스로 결정해. 물론 지원은 해 줄게.

• 공부는 하면 할수록 잘하게 될 거야. 과정을 즐겨야 해.

• 지면 자기 탓. 이기면 다른 사람 덕분.

• 아빠(엄마)는 어떤 경우든 네 편이야.

• 재밌는데? 어디서 그런 아이디어가 떠오르는 거야?

• 너는 늘 노력하고 있으니까 그걸 알아주는 사람이 반드시 나
  타날 거야.

하나같이 쏙 와닿네요! 외워서라도 잘 사용해 보겠습니
다. 아이에게 자기결정권을 주고 실패가 허용되는 환경을 만
들어 주는 말들입니다. 이런 말을 꾸준히 해주면 아이의 자기
긍정감이 높아지고 그릿이 길러질 수 있습니다.

뇌과학자의 밑줄

1. 도쿄대에 진학한 아이들은 음악, 미술, 스포츠, 게임 등 다양한 체험을 통해 지적 호기심을 충족한 경험이 있으며, 이 과정에서 부모의 지시보다는 지지를 받은 경우가 많다.

2. 부모들은 아이가 어렸을 때부터 선택권을 주고, 실패할 경우에 비난하지 않았으며, 성공할 경우에는 노력을 칭찬하는 지지 표현을 하는 경향이 있다.

내 아이를 위한
골든브레인 로드맵

0세부터 시작하는
똑똑한 뇌 프로젝트

학력과 관련된 6가지의 힘은 알았으니, 이제 구체적으로 아이를 어떻게 키우면 좋은지, 무엇부터 시키면 좋은지 말씀해 주세요. 아이의 나이에 따라 뇌 안에서 어떤 능력이 잘 성장하는지 그 시기는 대체로 정해져 있습니다. 그러니까 우선은 뇌 발달의 흐름부터 살펴봅시다. 생후 곧바로 후두엽과 측두엽이 발달하고, 3세 무렵에는 보고 듣는 능력이 성인과 흡사한 수준으로 발달합니다. 3~5세쯤 되면 뇌의 중앙에 있는 두정엽이 발달하며 운동령이 성장하지요. 그리고 마지막으로 사고나 감정, 언어나 커뮤니케이션을 담당하는 전두엽이 성장하기 시작합니다. 참고로, 이것은 모두 '시작하는 기준'일 뿐이지요. 그러므로 이 연령대가 지나면 늦었다는 뜻이 아니니까 주의해 주시기 바랍니다.

제 아이는 네 살이니까, 운동이나 악기 연주를 시작하기 딱 좋은 나이겠군요. 그렇습니다. '뇌가 그런 것들을 흡수하기 쉬운 시기에 접어들었다'는 의미로 이해하면 됩니다.

● 아이가 몇 살일 때 무엇을 해야 할까

아이와 애착 형성하기
태어나면서부터

책 읽어 주기
1세 무렵부터

지적 호기심 길러 주기
2세 무렵부터

운동·악기 연주 배우기
3~5세 무렵부터

영어(제2외국어) 학습하기
8~10세 무렵부터

커뮤니케이션 능력 기르기
초등·중학생

뇌과학으로 본 애착 육아

아이가 태어나면서부터 애착 형성을 시작하라고 하셨는데요, 아이가 말을 못 하는데도 효과가 있나요? 그렇습니다. 아기 때부터 부모가 아이에게 충분한 애정을 쏟으면 아이의 뇌 성장에 아주 좋은 영향을 줍니다. 애착 형성은 0세부터, 즉 아이가 태어나면서부터 시작할 수 있습니다. 실제로 생후 4개월 이내에 입양된 아이가 생후 8개월 이후 입양된 아이보다 성장기에 문제 행동을 적게 했다는 연구 결과도 있습니다.[1]

아이가 어릴수록 애착 형성 면에서 훨씬 유리하군요. 그렇다고 볼 수 있죠. 생후 3개월 된 유아를 대상으로 한 이런 연구도 있습니다. 보통 아이들은 목욕을 싫어하잖아요? 그래서 욕실에서 나올 때 스트레스 반응을 보이는데요, 아이를 능숙하게 돌보는 엄마와 그렇지 못한 엄마를 비교했을 때 전자의 아이가 스트레스를 잘 회복했다고 합니다.[2]

애착 형성이 잘돼 있으면 아기가 스트레스의 영향을 적게 받는다는 뜻인가요? 그렇습니다. 말은 통하지 않아도 애정은 전달됩니다. 애착 형성은 아이 뇌에 좋은 환경을 조성해 결과적으로 뇌의 건강한 성장을 촉진하고 아이가 자기긍정감이나 도전 의식을 기르는 데 도움이 된다고 알려져 있습니다.

그렇군요. 사실 요즘은 맞벌이 가정도 많고 아이에게 마음껏 애정을 쏟아붓기가 쉽지 않잖아요. 저도 한때는 일하는 시간을 줄여 딸과 보내는 시간을 많이 가지려고 노력했어요. 그런 노력이 아이에게 좋은 영향을 준다니 기쁘네요. 네, 정말 현명한 결정을 하신 겁니다. 아이에게 애정을 쏟아부을 수 있는 시간이 한정돼 있는 사람들이 많은 게 현실이죠. 아이와 물리적으로 많은 시간을 보내면 좋겠지만 그럴 수 없다면 적어도 함께하는 시간만큼은 핸드폰을 보거나 밀린 집안일을 하지 말고 온전히 아이에게 집중해 줬으면 합니다.

책육아, 효과적으로 하는 법

아이가 1세 무렵이 되면 책을 읽어주라고 하셨죠? 맞습니다. 그림책은 아이의 언어령이나 전두전야 발달에 가장 좋은 교재입니다. 평상시 부모가 아이에게 적극적으로 말을 건네는 것도 중요하지만 그림책에는 일상생활에서 사용하지 않는 어휘가 많이 포함돼 있어 그림책을 읽어 주면 아이의 언어능력 향상에 도움이 되죠.

그러고 보니 요즘은 유튜브 채널에 책 읽어 주는 동영상이 꽤 많습니다. 네, 그런데 아이가 책의 내용을 동영상으로 보는 것보다는 부모가 아이 곁에서 육성으로 생생하게 책을 읽어주는 쪽이 훨씬 바람직합니다. 인간이 언어를 습득할 때는 단지 소리를 모방하는 게 아니라 지각, 인지, 사회적 능력 등을 폭넓게 활용한다는 연구 결과가 있거든요.[3] 이런 연구 논문을 보면 유아의 모국어 습득은 텔레비전이나 DVD 등 영상 매체에서 전달되는 음성보다는 육성을 통해 이뤄지는 게 좋다고 결론짓고 있습니다.

부모 목소리를 녹음해 들려주는 것과 비교해도 효과가 다른가요? 그렇습니다. 똑같은 부모의 목소리라도 녹음 음성과 육성에 따른 뇌의 반응은 다르다고 알려져 있습니다. 육성의 경우가 애착 형성에도 훨씬 좋은 영향을 미치겠죠. 보통 아기는 생후 6~12개월 사이에 모국어 듣기 능력(음성 지각 능력)이 성장한다고 하니[4] 책 읽어 주기는 생후 반년 무렵부터 시작해도 괜찮습니다.

저는 아이에게 책을 읽어 줄 때 일방적으로 읽어 주지 않고 등장인물의 감정을 묻거나 그림에 보충 설명을 곁들이거나 그림에서 뭔가를 찾아보라고 하기도 하거든요? 이렇게 하면 아이가 생각하는 힘도 키울 수 있고 말할 기회도 많아지니 일석이조라고 생각하는데 이것도 뇌 발달에 도움이 될까요?

다이얼로직 리딩Dialogic Reading(대화식 읽기)을 하고 계시는군요. 말씀하신 대로 뇌에 많은 자극을 줄 수 있는 독서 육아 방식입니다. 실제로 미국이나 유럽 등지에서는 다이얼로직 리딩이 독서 육아의 주류를 이루고 있습니다. 그러나 우리나라에서는 이야기를 정확히 전달하는 것을 중요시해 일방통행형으로 읽어 주는 분도 많습니다.

저 역시 이야기 자체를 즐기다 보면 자연히 책을 좋아하게 될 것으로 기대해서, 아이가 이야기에 몰두했다 싶을 때는 일방통행형으로 읽어 주기도 합니다만 대화를 통해 여러 가지를 생각하게 하면서 읽으면 '책은 이렇게 생각하면서 읽는 거구나' 하며 더 가까이 하지 않을까도 싶어요. 책을 좋아하는 아이로 만들고 싶다면 가장 좋은 방법이 따로 있습니다. 부모가 책 읽는 모습을 보여 주는 겁니다. 그리고 아이가 글을 읽을 수 있게 되면 독서 습관을 들여야겠죠. 저는 자기 전에 가족 모두 각자 좋아하는 책을 읽는 시간을 가족 문화로 만들었습니다. 이제는 제가 말하지 않아도 아이 스스로 책을 읽어요.

아주 좋은 방법 같네요. 책은 똑똑한 뇌를 만드는 데 매우 좋은 역할을 합니다. 실행 기능을 키울 수 있고, 어휘나 지식이 늘어나고, 공감성도 좋아지기 때문에 커뮤니케이션 능력도 단련되거든요. 읽으면 읽을수록 뇌 안의 네트워크가 발달할 테니까요.

그럼 혹시 독서를 많이 하는 아이가 학교 성적이 좋다는 데이터도 있나요? 있고말고요. 한 연구 결과를 보면 독서를 즐기는 그룹의 아이들이 독서를 그다지 좋아하지 않는 그룹의 아이들보다 영어, 수학, 물리, 역사 과목 성적이 높았습니다.[5] 또 3~4세에 독서를 시작한 아이가 우수한 학업 성적을 거두는 비율은 6세 이상이 될 때까지 독서를 습관화하지 않은 아이와 비교해 크게 높았죠.[6]

요즘 학습 만화도 많이 보이는데 만화는 어떻습니까? 초등학생이 된 아이에게 혼자서 책을 읽는 습관을 길러주고 싶다면 학습 만화를 보게 해도 상관없습니다. 글자만 나열된 책을 지겨워하는 아이라도 학습 만화는 재밌게 읽는 경우가 많거든요. 최근에는 역사, 과학 등 다양한 분야의 학습 만화가 출간되고 있고 명작 소설에 삽화를 곁들인 시리즈물도 인기가 많습니다.

어른도 만화책을 좋아하잖아요(웃음). 만화는 매력 있는 장르죠. 그리고 학습 만화에는 확실한 장점이 있습니다. 만화를 통해 역사적 사실이나 소설 줄거리 등의 개요를 간단히 익혀두면 나중에 그걸 배울 때 이해하기가 훨씬 쉽거든요. 또 같은 내용을 여러 번 접하다 보면 '단순 접촉 효과'라는 게 생겨서 그 대상을 좋아하게 되는 경우도 많습니다.[7] 나아가 좋아하니까 내용을 쉽게 기억하는 선순환 효과도 일어난다고 해요.[8] 단순 접촉 효과는 심리학이나 마케팅 분야에서 사용되는 용어인데 나중에 더 자세히 설명해 드리겠습니다.

독서가 뇌의 네트워크를 발달시키고 이로 인해 학습 능력이 향상되는 것이군요. 오늘부터는 작업실이 아닌 거실에서, 특히 아이가 보는 앞에서 책을 읽어야겠네요(웃음).

뇌과학자의 밑줄

1. 뇌 발달 단계에 따라 애착 형성은 아이가 태어나면서, 책 읽어 주기는 1세 무렵, 지적 호기심 길러 주기는 2세 무렵, 운동이나 악기 연주 배우기는 3~5세 무렵, 영어 및 제2외국어 학습은 8~10세 무렵, 커뮤니케이션 능력 학습은 초등·중학생 시기에 시작하면 좋다.

2. 아이가 어릴수록 애착을 형성하기 좋으며 부모와 애착 형성이 잘된 아이는 스트레스에 대응하는 능력도 좋아진다.

3. 책 읽어 주기는 영상 매체나 녹음된 음성보다는 부모의 육성으로 하는 것이 좋다. 일방적으로 읽어 주기보다 아이가 생각하는 힘을 기를 수 있는 다이얼로직 리딩을 실행하면 뇌 발달에 도움이 된다.

4. 아이에게 독서 습관을 길러 주고 싶다면 부모가 먼저 책 읽는 모습을 보여라. 또 초등학생 아이가 글자로만 이뤄진 책을 읽기 힘들어하면 학습 만화를 접하게 해 줘도 좋다.

2세부터는 아이의 세계를 넓혀줄 인풋이 필요하다

지적 호기심이야말로 뇌 성장의 원동력이라고 하셨는데요, 두 살부터 아이의 지적 호기심을 길러줄 수 있다고요? 두 살쯤 되면 아이는 다른 사람을 자기와 다른, 독립된 내적 상태를 지닌 존재로 파악합니다.[9] 쉽게 말해 자신과 타인이 다르다는 사실을 이해하고 외부세계로 의식이 향하기 시작하죠. 따라서 아이가 폭넓은 지식을 접할 기회를 만들어 줘야 합니다. '네가 모르는 이런 세계가 있어' 하고 인풋을 늘려 주는 거예요. 미지의 세계에 대한 정보를 입력했다면 책이나 영상 등의 자료를 활용해 이 정보를 현실 세계와 연결해 줍니다. 그러면 지적 호기심을 기르는 데 훨씬 효과적이죠.

구체적으로 어떤 자료를 보여 주면 좋을까요? 저는 보통 아이 전용 도감이나 백과사전을 추천합니다. 처음에 아이가 도감 등을 보고 흥미를 보이지 않아도 곧바로 포기하진 마세요. 여러 번 함께 도감을 읽다 보면 점점 좋아하는 경우도 많습니다. 조금 전 말씀드린 '단순 접촉 효과'라는 게 있으니까요.

아이가 처음에는 좋아하지 않아도 좀 더 보다 보면 좋아하게 된다는 건가요? 똑같은 정보에 반복적으로 접촉하는 동안 뇌에서 특정 네트워크가 여러 번 사용되면서 그 두께가 매우 두꺼워집니다. 그러면 정보처리 효율이 높아져 대상에 쉽게 익숙해지고 친근감도 고조되죠. 이렇게 친근감이 높아지면 뇌는 그 대상 자체에 호감도가 높아졌다고 착각을 일으킵니다.[10] 이런 착각으로 인해 좋아하는 기억으로 남는 셈이죠.[11]

좋아해서 자주 보는 것이 아니라 자주 봐서 좋아진다는 거군요. 아무래도 도감은 공간을 많이 차지하다 보니 아이가 흥미를 잃으면 금세 팔아버리고 싶어지는데 그러지 않길 잘했네요(웃음). 도감은 많은 정보를 효율적으로 담고 있는 책이라 아이의 지적 호기심을 끌어내는 데 도움이 되니 자리를 차지하더라도 용서해 주세요.

거울뉴런, 아이들은 모방하며 자란다

부모가 책을 읽는 모습이 아이의 독서 습관을 길러 주는 데 가장 효과적이라고 하셨잖아요? 여기에도 뇌과학적 원리가 있나요? 물론입니다. 사람 뇌에는 '거울뉴런계Mirror neuron system'가 있습니다. 거울뉴런은 이름 그대로 다른 사람의 행동을 봤을 때 마치 자신이 그 행동을 직접 하는 것처럼 활성화되는 뉴런입니다. 따라서 눈으로 본 정보를 운동 신호로 변환해 타인의 행동을 모방할 수 있는 것이죠. 아이들이 다양한 활동과 언어를 배우는 데는 바로 거울뉴런이 결정적 역할을 합니다. 생후 12개월 된 유아에게 어떤 동작을 보여 주면 4주 후에도 그 동작을 모방할 수 있다는 연구 결과가 있습니다.[12]

본 대로 따라 하게 해 주는 신경세포가 있다는 거군요. 그렇습니다. 여기에 심리학에서 말하는 '프라이밍 효과priming effect'도 영향을 미칩니다. '프라임prime(점화)'이란 용어는 어떤 자극에 노출됐을 때 이미 기억하고 있는 특정 정보에 접근성이 증가하는 현상을 뜻합니다. 다시 말해 프라이밍 효과는 먼저 주어진 정보에 의해 떠올리게 된 특정 개념이 이어지는 판단이나 행동에 영향을 주는 것이죠. 이와 관련된 아주 재밌고

유명한 연구 결과가 있습니다. 한 실험에서 실험 참가자들에게 노인을 떠오르게 하는 어휘를 보여줬더니 실험이 끝나고 집으로 돌아갈 때 이들이 걸어가는 속도가 매우 느려졌다는 겁니다.[13] 단지 단어 몇 개를 봤을 뿐인데 행동이 바뀌어 버린 거죠. 놀랍지 않나요?

정말 그러네요. 생각해 보니 저도 마피아가 등장하는 영화를 보고 나서는 어깨에 잔뜩 힘을 주고 걸었던 것 같아요 (웃음). 그럼 반대로 부모가 온종일 스마트폰만 들고 있거나 텔레비전을 본다면 아이가 이를 모방할 수도 있다는 거군요. 충분히 그럴 가능성이 있습니다. 아이에게 "핸드폰은 그만 보고 책 좀 읽어라"라고 했는데 아이가 "아빠(엄마)도 맨날 폰만 보잖아"라고 한다면 부끄럽지 않을까요? 아이가 바람직한 생활 습관을 들이길 원한다면 부모가 먼저 건강한 취미 활동을 하는 모습을 자주 보여 줘야겠죠.

운동하는 뇌, 공부하는 몸

3~5세 아이는 운동, 악기 연주를 시작하면 좋다고 하셨

는데 아이에게 운동을 시키려면 역시 전문가에게 수업을 받게 하는 편이 좋을까요? 수영 강습을 등록한다든지 줄넘기 학원에 보낸다든지요. 아이가 그런 활동을 좋아한다면 그렇게 해 주면 좋겠지요. 그런데 아이가 특별히 흥미를 보이는 게 아니라면 공원에서 술래잡기를 하며 뛰어노는 것만으로도 충분합니다. 아이에게 필요한 건 대단한 운동 실력이 아니에요. 중요한 건 심박수가 올라가는지 아닌지예요.

심박수가 높아진다면 달리기만 해도 좋다는 뜻인가요? 맞습니다. 운동은 그게 무엇이든 뇌에 좋은 영향만 줍니다. 실행기능도 길러지고 불안감을 줄여줘 정신적으로도 안정됩니다. 사춘기 전 아이들을 대상으로 한 조사에서 체력(심폐기능, 근력, 민첩성 등)이 뛰어난 아이는 체력이 좋지 않은 아이보다 양쪽 해마의 부피가 크고 기억력이 매우 우수하다는 결과가 나오기도 했습니다.[14]

체력과 해마의 부피에 상관관계가 있다면 운동 능력이 좋은 아이들이 공부도 더 잘할 수 있다는 뜻인가요? 과거에도 '문무를 겸비했다'는 말이 있지 않았습니까? 현재의 뇌과학 관점으로 봐도 틀린 말은 아닙니다. 운동을 했다고 영어 단어가 외워지는 건 아니지만 그 단어를 담을 그릇인 뇌는 확실히 운동을 통해 성장하니까요.

운동이 학력에 직접적으로 영향을 주다니 놀랍네요. 실제로 운동이 학력 향상에 좋은 영향을 미친다는 다른 연구 결과도 있습니다. 사춘기 전 아이인 경우 중간 강도의 운동을 하면 이후 주의력이 개선돼 학력도 향상됐다[15]고 합니다. 또 고부하 운동이 학습 성적과 기억력을 향상한다고 밝혀진 연구도 있고요.[16] 요약하자면 운동이 뇌를 성장시켜 뇌의 성능을 높인다는 겁니다.

똑똑해지기 위해 밖에서 놀아야 한다니 전혀 생각해 본 적 없는 일이네요. 보통 부모들은 그만 놀고 공부하라고 하잖아요. 이렇게 접근할 수도 있어요. 한 연구 결과를 보면 아이의 비만은 해마 크기를 감소시킨다고 합니다.[17] 물론 어른도 마찬가지겠죠. 또 취학 연령기 아동을 대상으로 한 연구에서는 비만이 있는 아이일수록 비디오게임에 빠져 지낸다는 결과가 나타났습니다.[18] 운동 습관을 들이면 소아 비만도 방지할 수 있어요. 참고로 어떤 운동 기능을 습득하기 전에 달리기 같은 운동을 하면 그 기능을 습득하는 데 좋은 영향을 미친다고 합니

다. 게다가 그 기능을 장기적으로 기억하게 하는 효과가 있었다는 연구 결과도 있고요.[19]

예를 들면요? 아이가 배워야 할 게 자전거 타기나 줄넘기라고 해봅시다. 그걸 하기 전에 먼저 공원에서 술래잡기 같은 것을 하면 자전거 타기나 줄넘기 기능 습득 효과가 높아질 가능성이 있다는 뜻입니다.

그럼 운동하기에 적절한 시간대가 따로 있나요? 보통 이상적인 시간대는 아침이라고 합니다. 아침 식사 전에 운동하면 저녁에 똑같은 운동을 할 때보다 1일대사량이 증가한다는 데이터가 있습니다.[20] 운동 후 주의력이 높아진다는 점만 보더라도 아침에 운동하는 게 좋겠죠.

어린이집에 갈 때 조금 일찍 출발해 공원에서 시간을 보내는 것도 방법이겠네요. 더할 나위 없이 좋은 생각입니다. 아이와 함께 어른도 운동이 되고 말이죠.

음악을 듣기만 해도 뇌가 성장한다

운동과 함께 악기 연주를 권하셨죠. 잘못된 편견일지 몰라도 어릴 때 피아노를 배운 사람은 머리가 좋은 편이었던 것 같습니다. 그럴 가능성도 없지 않습니다. 악기를 연주하면 뇌에서 공간인지나 실행기능, 언어능력을 담당하는 영역 등 다양한 부위가 활성화돼 뇌 발달이 촉진된다는 연구 결과가 있거든요.[21] 또 악기 연주를 진정으로 즐기면 지적 호기심도 기를 수 있습니다.

그렇군요. 그런데 악기는 시작하는 데 제약이 있다 보니, 부모가 접근하기 쉬운 악기를 억지로 시키는 경우가 많은 편인 듯합니다. 맞습니다. 하지만 그러면 아이가 악기를 오래 지속적으로 다루기 어렵고 과도한 스트레스로 오히려 뇌 발달이 저해될 수도 있습니다. 그러니 다른 일과 마찬가지로 아이가 하고 싶어 할 때 시키는 게 최선입니다. 아이가 문득 악기를 연주하고 싶다고 생각했을 때 악기가 가까이 있고 부모가 악기 연주를 즐기고 있는 환경이 가장 이상적이죠.

정말 이상적이군요. 직접 악기를 연주하진 못해도 아이

에게 음악을 많이 들려주려고 하는 편인데 이것도 도움이 될까요? 원래 음악은 듣는 것만으로도 뇌에 좋은 영향을 줍니다. 음악이 귀를 통해 들어오고 뇌가 이를 처리할 때는 고도로 복잡한 과정을 거치거든요.[22] 소리 높낮이, 음색, 강약, 리듬, 음정 등을 분석하면서 그에 맞춰 감정이 자극을 받습니다.

저희 아이는 악기는 관심을 보이지 않지만, 최근에는 즉흥적으로 동요 가사를 바꿔 가면서 곧잘 노래를 불러요. 노래 부르기도 뇌를 무척 많이 사용하죠. 꼭 악기를 배우지 않아도 음악과 함께 생활하고 있다는 사실이 중요하다고 생각합니다.

./ 편집자 T

아이가 지리 수업 시간에 '강 상류 쪽 돌은 크고, 하류 쪽 돌은 작다'고 배웠다면서 '그런데 강을 제대로 본 적이 없어서 처음 알았다'고 하기에 이번 기회에 직접 가야겠다는 생각이 들었습니다. 다마가와 강 상류와 하류를 하루 만에 다 보았더니 일종의 여행처럼 느껴져서 저도 아이도 무척 만족한 하루였습니다. 호기심을 경험으로 연결시켜 지적 호기심을 확장한다는 것이 어려운 게 아니라는 것을 느꼈습니다.

뇌과학자의 밑줄

1. 아이가 외부세계를 인식하기 시작하는 2세 무렵에는 폭넓은 지식을 접할 기회를 만들어 주자. 도감 등을 활용해 정보와 현실 세계를 연결해 주거나 실제 생활에서 체험하게 해 주면 지적 호기심을 기를 수 있다.

2. 거울뉴런은 타인을 모방해 행동이나 언어 등을 습득하게 하는 신경세포다. 아이가 지적 호기심을 기르는 생활 습관을 들일 수 있도록 부모가 건강한 취미 활동을 하는 모습을 보여 주는 것이 좋다.

3. 운동은 실행기능을 기르고 정신을 안정시키며 뇌의 용량을 키워 학습 능력을 향상하는 데도 도움을 준다. 또 소아 비만 예방과 주의력 향상에도 효과적이다. 중요한 것은 심박수로 심박수를 올리는 활동이라면 달리기만 해도 좋다.

4. 반드시 악기 연주를 배우지 않고 음악을 듣기만 해도 뇌에는 좋은 영향이 된다. 귀로 들은 음악을 뇌에서 처리하는 동안 고도로 복잡한 과정이 이뤄지기 때문이다. 아이에게 늘 음악을 가까이하는 생활 습관을 길러 주자.

영어 실력과 어휘력이 폭발하는 골든타임

8~10세 무렵부터는 영어 등 제2외국어를 배우기 시작해도 된다고 하셨죠. 실제로 초등학교에서는 3학년부터 영어 수업을 시작하니 거의 나이가 맞네요. 네, 외국어 학습과 나이의 상관관계를 알기 쉽게 보여 주는 데이터가 있습니다. 미국의 아시아계 이민자를 대상으로 한 조사입니다. 이민자 연령대별로 영어 시험 성적을 조사했더니 3~7세 때 이주한 사람의 성적은 원어민과 별 차이가 없었다고 합니다.[23] 거의 모국어처럼 영어를 잘했다는 거죠. 조사 결과를 나타낸 그래프를 보면 영어 시험 점수가 8~10세에 이주한 사람에게서 조금 낮아지고 11세 이후에는 많이, 17세 이후에는 급속도로 떨어지는 것을 확인할 수 있습니다.

발달에 따른 영어 교육 적기

사실 저도 어릴 때 미국에서 꽤 오래 살다가 돌아왔습니다. 미국에 갔을 때 열 살이었던 저는 현지 초등학교 2학년에 들어갔고 열두 살이었던 형은 중학교에 입학했죠. 아버지는 일본계 기업에서 일했고요. 우리 셋 중 가장 빨리 현지인 수준으로 말할 수 있게 된 사람이 저였습니다. 아버지는 해외에서 10년 넘게 일했는데도 여전히 일본어가 편한 분이고요(웃

● **미국 이민자의 연령대와 영어 능력**

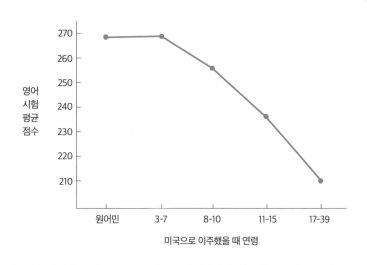

음). 그래서 8~10세가 외국어를 시작하기에 적기라고 하는 겁니다(웃음). 혹시 그때 만난 친구 중에서 좀 더 어릴 때부터 미국에서 살고 있던 일본인 친구는 없었나요? 그 친구는 또 달랐을 것 같은데요.

있었습니다. 그 친구는 영어는 모국어처럼 술술 하는데 오히려 일본어 실력이 형편없었어요. 그러니까 제 경험에 비춰 보더라도, 8~10세 무렵부터 영어를 시작해야 한다는 게 틀린 말은 아니라는 생각이 들더군요. 역시 그렇죠? 앞서 언급한 연구에서도 확인할 수 있듯이 3~7세에 영어를 배우기 시작한 사람들의 영어 성적이 가장 좋지만 그럴 경우 오히려 모국어 실력이 향상되지 않는다는 단점이 있습니다. 그래서 외국어 공부를 시작하는 적기를 8~10세 무렵으로 보는 겁니다. 다른 연구를 보더라도 사춘기(11~12세)가 지나면 제2외국어로 원어민 수준의 능력을 획득하기가 쉽지 않다고 합니다. 이른바 '연령 한계'가 존재하기 때문이죠.[24] 물론 완전히 때를 놓쳤다는 뜻은 아닙니다. 뇌가 성장을 멈추지 않듯이 몇 살이 됐든 열심히 하기만 하면 당연히 언어 실력은 늘 테니까요. 다만 외국어 학습 적기로 8~10세가 하나의 기준이 된다는 것 정도만 기억하셨으면 합니다.

저는 딸에게 유튜브 채널을 보여줄 때 영어 콘텐츠를 같이 보게 하거나 놀이를 할 때 영어 단어를 알려주는 식으로 조금씩 영어에 익숙해지게 하고 있는데요, 이런 것도 효과가 있을까요? 영어 실력이 급격하게 향상되는 건 아니겠지만 영어 소리에 익숙하게끔 귀를 길들인다는 점에서 권장할 만한 방법입니다. 나중에 본격적으로 영어를 배우기 시작했을 때 영어가 귀에 익숙해져 있으면 그 내용이 쉽게 들어올 테니까요. 계속 그렇게 해 주시면 좋을 것 같네요.

해마다 아이들의 공감 능력이 떨어지는 이유

소통은 아기 때부터 시작하는데 초등 저학년 나이부터 커뮤니케이션 능력을 키우는 것이 중요한 이유는 무엇인가요? 모국어를 제대로 익히려면 아기 때부터 부모가 대화를 많이 건네는 것이 중요하다고 했었지요. 이것은 언어를 습득시키려고 하는 겁니다. 그런데 초등학생이나 중학생이 되면, 단순히 언어 습득뿐만 아니라 공감능력, 사회성, 감정 인지를 관장하는 다른 뇌 영역에 자극을 주기 위해서라도 커뮤니케이션 능력이 중요해집니다.

뇌 영역에서의 공감성이란 구체적으로 무엇을 뜻하나요? 우리가 평상시 쓰는 '공감한다'는 말과 다르지 않습니다. '개인의 감정을 공유한다' 그리고 '내가 아닌 타인의 시점으로 상황을 파악한다'는 두 가지 의미로 나눠 생각해 볼 수 있겠죠.[25] 뭔가에 공감을 할 때 우리는 뇌의 여러 영역을 두루 사용합니다. 평상시에 공감 행동을 하거나 사고를 해서 해당 뇌 영역을 자주 사용해야 발달하는데, 커뮤니케이션 기회 자체가 적으면 이 부분이 잘 개발되지 않는 거죠. 특히 2000년 이후 해마다 아이들의 공감 능력이 떨어지고 있다는 점에서[26] 부모와 자녀 사이의 커뮤니케이션은 더욱 중요하죠.

2000년에 무슨 일이 있었던 건가요? 특별히 어떤 한 가지의 문제라고 밝혀진 바는 없지만 저 같은 연구자들은 컴퓨터게임이나 스마트폰 등 디지털 기기 그리고 여러 SNS 매체가 아이들의 생활 속에 파고든 것이 가장 큰 원인이라고 봅니다. 이로 인해 사람과 사람 사이에 직접 대화를 주고받을 기회나 사회적 교류가 줄어든 것 아닌가 합니다.

아, 온라인이 확장되던 시기군요. 과학기술이 발달하면서 생활 방식이 변하는 건 어쩔 수 없는 일이지만 초등학생이나 중학생처럼 뇌가 쑥쑥 성장하는 시기에 커뮤니케이션 기회가 줄어들면 아무래도 뇌에는 좋지 않겠죠.

일리가 있네요. 제가 어렸을 때만 해도 학교 수업이 끝나면 무조건 밖에서 친구와 노는 게 일이었습니다. 만약 그 시대에 닌텐도 스위치라든지 유튜브가 있었다면 틀림없이 거기에 빠져 지냈을 거예요. 게다가 최근에는 코로나19 같은 감염병이 대유행하는 상황에서 원격 수업만 하고 있었으니 한층 더 공감능력이 떨어질 수밖에 없겠네요. 그 가능성도 부정할 순 없습니다. 상황은 그렇지만 아이를 위해 다른 방법을 찾아야겠지요. 사회에서의 대면 커뮤니케이션이 줄어드는 상황에서는 더더욱 가정에서의 가족 간 소통이 중요한 역할을 합니다. 물론 부모 입장에서의 어려움도 모르지 않습니다. 초등학생이나 중학생쯤 되면 아이가 자기 방을 쓰는 경우가 많고 특히 사춘기 아이들은 부모와의 대화 자체를 싫어할 수도 있으니까요. 그렇기 때문에 아이가 어릴 때부터 대화를 많이 나누는 가정 분위기를 만들고 부모에게 무슨 이야기든 할 수 있는 환경을 조성해 줘야 합니다.

그렇군요. 어쨌든 사회에 나가서는 좋든 싫든 다른 사람

과의 소통이 필수적인 요소니까요. 어릴 때 충분히 사회성이
나 공감 능력을 학습하지 못한다면 사회에 나가서 적응하기
힘들겠죠. 아이의 미래를 위해서라도 대화 분위기 조성에 좀
더 신경 써야겠습니다.

뇌과학자의 밑줄

1. 모국어 실력을 잃지 않으면서 영어와 같은 제2외국어를 학습하기에 가장 적합한 시기는 8~10세 무렵이다. 그 이전의 아이라면 영어가 귀에 익숙해질 기회만 줘도 충분하다.

2. 스마트폰, SNS 등이 생활 깊숙이 파고들면서 해마다 공감 능력이 떨어지는 아이들이 늘고 있다. 요즘처럼 대면 커뮤니케이션 기회나 사회적 교류가 부족한 환경에서는 가정에서 대화 분위기를 잘 조성해 부모와 원활히 소통하는 것이 더욱 중요하다.

두뇌 잠재력을
끌어올리는 수면과 식사

대화를 자주 하는 분위기 외에 아이에게 좋은 환경이 있을까요? 1장에서도 말했듯이 뇌의 성장을 위해서는 좋은 생활 습관을 만들어 줘야 합니다. 그중에서도 특히 수면과 식사가 중요해요.

잠을 잘 자는 아이일수록 해마 크기가 크다고 하셨죠? 맞습니다. 잠을 자는 동안 스트레스가 줄어들기도 하고 성장 호르몬이 분비되기도 하죠. 초등학생에서 고등학생까지를 대상으로 한 조사에서 수면의 질이나 시간 등이 모두 아이의 학업 성적에 영향을 주는 것으로 밝혀졌습니다.[27] 밤늦게까지 게임을 하거나 밤새워 공부하는 것보다는 적정한 시간에 잠자리에 드는 것이 좋습니다.

렘수면과 비렘수면의 역할

수면이 학업 성적에 영향을 주는 과학적인 이유는 무엇인가요? 수면에는 깊은 잠에 빠져드는 '비렘Non-Rem수면(서파수면)'과 얕은 수면 상태인 '렘Rem수면'이 있습니다. 잠든 직후 얼마간 깊은 수면이 유지되다가 얕은 수면으로 전환되죠.[28] 깊은 수면인 비렘수면은 낮에 기억한 정보를 통합해 고정하는 일을 합니다.[29] 간략히 메모해 둔 정보를 노트에 세세히 옮겨 적는 것처럼요. 이 과정을 거쳐야 기억이 장기기억으로 남습니다.

잠든 직후에 그렇게 중요한 일이 이뤄진다면 수면 시간이 짧아도 문제가 되진 않겠네요? 그렇지 않습니다. 후반부의 렘수면도 중요하죠. 사람은 렘수면 동안 꿈을 꾸는데 이때 감정이 조절되기도 하고 창의성이 높아지기도 합니다.

감정이 조절된다는 게 무슨 뜻인가요? 감정을 관장하는 편도체는 공포나 불안, 고통 같은 스트레스를 느끼면 활성화됩니다. 렘수면은 이 편도체의 과잉 활동을 억제하는 작용을 하죠.[30] 낮 동안 감정을 뒤흔드는 사건이 있었어도 렘수면만 잘 취하면 다음 날 아침은 평온할 가능성이 커집니다.

그러고 보니 수면이 부족하면 왠지 하루 종일 몸이 찌뿌듯한 게 영 개운치 않더라고요. 네, 그게 바로 렘수면의 영향입니다. 스트레스는 해마를 위축시키기 때문에 매일 렘수면을 확실히 취함으로써 편도체를 안정시켜야 합니다. 이것이 뇌를 건강하게 성장시키는 방법 중 하나죠.

창의성이 높아진다는 건요? 창의성이라고 하면 흔히 예술 분야를 떠올리기 쉽지만 사실 창의성은 주어진 일을 정확히 처리하는 것을 넘어, 여러 정보를 조합해 자발적으로 결과물을 만들어 내는 능력을 뜻합니다. 렘수면 중에는 해마와 대뇌신피질의 네트워크 결합이 바뀌는데 이때 새로운 기억과 오래된 기억이 재조합된다고 합니다. 쉽게 말해 뇌 속 배선을 갈아치우는 작업이 이뤄지는 셈이죠.

비렘수면이 '데이터 보존'이라면 렘수면은 '데이터 정리' 같은 거군요. 렘수면을 취하면 새로운 지식을 과거 지식과 함께 활용하기 쉬워지겠네요. 맞습니다. 실제로 창의성이 높을수록 학업 성적도 좋다는 연구 결과가 있고[31] 초·중학교에서 창의성이 높은 학생일수록 독해력, 수학, 물리 과목의 성취도가 높았다[32]는 연구 결과도 있습니다. 특히 충분한 렘수면을 취하고 수학 문제를 풀었을 때 정답률이 올랐다는 연구 결과[33]는 수면과 학업 성적의 연관성을 잘 보여 줍니다.

밤샘 공부가 위험한 진짜 이유

그럼 아이 연령대에 따라 권장되는 수면 시간이 있습니까? 전미수면재단은 아이의 심신 건강을 유지하기 위해 학령기(6~13세)에는 9~11시간, 사춘기(14~17세)에는 8~10시간의 수면 시간을 권장합니다. 반드시 이만큼 자야 한다기보다는 가능한 범위에서 지키면 되니 이를 기준 삼아 건강한 생활 사이클을 만들었으면 합니다.

시험 잘 보는 법을 다룬 책을 읽어보면, 수면 시간을 줄이면서 공부하는 것은 성적을 올리는 데 좋지 않다고 적혀 있던데 바로 그런 뜻이로군요. 그렇습니다. 뇌 건강을 위해서도 그렇지만 한번 밤새워 공부한 아이는 이를 기준으로 삼을 수도 있습니다. '좋은 성적을 얻으려면 밤이라도 새워야 한다'고 생각하면 곤란해요.

그런가요. 저는 시험을 앞두고는 언제나 '질보다 양'으로 장시간 공부했습니다. 그래선지 지금도 밤새워 일할 때가 많은데 저 같은 사람에게 하는 말이네요. 만약 밤샘 공부로 좋은 성적을 거뒀다면 그것이 아이에게는 '성공 경험'으로 남아 성장하면서 그런 생활을 반복할 수도 있습니다. 저는 작가님과는 반대로 '양보다 질'을 따지는 편이었습니다. 대학 입학시험을 앞두고도 매일 밤 9시 30분 전에는 잠자리에 들었거든요. 하루 3시간 이상 공부한 적도 없습니다. 그 당시 제가 뇌 구조를 알고 그랬던 건 아닙니다. 단지 장시간 책상 앞에 앉아 있어봐야 집중력이 좋아지는 것도 아니고 밤샘 공부를 해도 기억에 오래 남지 않는다는 사실을 감각적으로 깨우쳤습니다.

짧은 시간에 극도로 집중했다는 의미네요. 대신 저는 추석이나 설날 같은 명절에도 공부를 쉬지 않았습니다. 시험 직전 벼락치기로 좋은 점수를 얻을 만큼 실력이 뛰어나지도 않았으니까요. 그래서 하루도 빠짐없이 날마다 습관적으로 공부할 수밖에 없었죠. 그리고 잠만큼은 충분히 잤는데 그게 결과적으로 좋은 영향을 미쳤던 것 같습니다.

지금 하신 그 말씀이 아이의 학업 성취도를 높이는 핵심

아닌가요? 그런 셈이네요. 공부를 습관화한다. 공부는 단시간에 집중해서 한다. 나머지 시간에는 취미 활동이나 운동을 열심히 하고 잠을 충분히 잔다.

교수님의 공부법을 더 자세히 들어보고 싶네요. 그러면 뒤에서 더 다뤄보기로 하죠. 여기서는 수면 얘기를 계속해 볼까요? 수면 시간만큼 수면의 '질'도 중요한데요, 수면의 질을 높이는 가장 좋은 방법이 뭔지 아시나요?

밤새서 힘들게 일하면 기절하듯 자게 되던데요(웃음). 확실히 밤새워 일한 다음 날엔 잠을 잘 잘 수 있는 것처럼 느껴지지요. 그런데 사실 하루라도 밤을 새우면 이른바 '수면빛'이 쌓여 이후 며칠이나 수면의 질이 떨어집니다.

완전히 반대군요. 그럼 수면의 질을 올리는 올바른 방법은 뭔가요? 바로 운동입니다. 하루 동안 몸을 충분히 움직이면 수면의 질은 자연스레 좋아집니다.

제 딸을 봐도 어린이집에서 야외활동을 한 날은 잠을 아주 잘 잡니다. 만약 비가 와서 야외활동을 하지 못한 날이라면 집에서라도 몸을 움직이게 하는 것이 좋은가요? 할 수 있는 범위에서는 상관없습니다. 다만 자기 전에 너무 격렬한 운동을 하면 오히려 수면의 질이 떨어질 수 있다고 합니다.[34] 몸이 고단해 잠들기가 쉽지 않을 테니까요. 마찬가지로 잠들기 1시간 전에는 스마트폰이나 컴퓨터를 사용하지 않는 편이 좋습니다. 화면에서 나오는 블루라이트가 잠드는 데 안 좋은 영향을 미칩니다.[35]

아이 뇌와 수면을 망치는 식습관

식사 습관을 들일 때 주의해야 할 점은 무엇인가요? 먼저 균형 잡힌 식사를 하루 세 번 제대로 하는 것이 가장 좋습니다. 식사도 수면의 질에 영향을 주거든요. 예를 들어 우유와 탄수화물이 많이 함유된 음식은 수면의 질을 높여주는 것으로 알려져 있습니다.[36, 37] 우유에 포함된 트립토판이라는 일종의 아미노산이 수면 호르몬인 멜라토닌의 재료가 되거든요. 우유에는 칼슘도 풍부하기 때문에 아이가 우유를 마시는 건 적극적으로 권장할 만합니다.

반대로 수면의 질을 떨어뜨리는 음식도 있습니까? 설탕과 고기를 과잉 섭취하면 좋지 않습니다.[38, 39] 먹으면 안 되는 음식이라는 게 아니라 자기 전 과식하지 말라는 뜻입니다. 과자류도 주의해야 합니다.

아이가 밤에 배고프다고 하면 뭘 줘야 할까요? 우유나 주먹밥 정도가 괜찮겠네요.

빵보다 밥이 더 낫다는 말씀인가요? 빵이 무조건 안 좋다는 건 아니지만 크림빵은 되도록 피하는 게 좋습니다. 아침 식사와 관련된 한 연구 결과에 따르면 아침에 흰쌀밥을 먹은 아이와 크림빵을 먹은 아이를 비교했을 때 흰쌀밥을 먹은 아이 쪽이 뇌 발달 면에서 유리한 것으로 나타났습니다.[40] 아무래도 크림빵은 당이 많이 함유돼 혈당 수치가 갑자기 오르내리는 등 뇌 발달에 좋지 않은 영향을 미칠 수도 있습니다.

매일 아침 딸에게 빵을 먹이고 있었는데 큰일이네요. 크림빵이 주식이 아니라면 괜찮습니다. 무엇보다 아침 식사를 절대 거르지 않음으로써 뇌에 에너지를 고루 공급하는 것이 더 중요하니까요. 그래도 흰쌀밥을 아침 식사로 먹는 날이 있다면 좋겠죠. 뿐만 아니라 반찬 종류가 다양하면 해마의 기능을 유지하는 데 좋은 영향을 미친다는 연구 결과도 있습니다.[41] 생선류나 제철 채소가 담뿍 들어간 된장국과 흰쌀밥 그리고 과일을 곁들인 식단이 좋습니다.[42] 특히 생선류는 정말로 좋은 식재료입니다. 생선에 포함된 DHA 같은 장쇄 불포화지방산은 해마의 뉴런 생성을 촉진한다고 알려져 있죠.[43]

매일 아침 밥을 먹이고 반찬 종류도 다양하게 차려줘야 한다니 어쩐지 부담스럽기도 하네요. 어디까지나 이상적인 식사를 말씀드린 것뿐이니 무리하실 필요는 없습니다. 빵에서 밥으로, 반찬 1개에서 2개로 서서히 늘려나가는 것이 좋아요.

뇌과학자의 밑줄

1. 수면은 아이의 뇌 성장과 학업 성적에 영향을 미친다. 학령기 아이는 하루 9~11시간, 사춘기 아이는 8~10시간 정도 수면하도록 권장되며 장기기억에 도움이 되는 비렘수면과 새로운 지식을 기존 지식과 이어주는 렘수면 모두 충분히 이뤄져야 한다.

2. 수면의 질을 높이기 위해서는 운동을 통해 충분히 몸을 움직여 주는 것이 좋다. 다만 잠들기 1시간 전에 격렬한 운동을 하면 오히려 잠드는 데 방해가 될 수 있으니 주의하자.

3. 식사는 하루 세 번 균형 잡힌 식단으로 제대로 하는 게 좋다. 특히 아침 식사는 거르지 말아야 한다. 빵보다는 밥으로, 반찬 종류를 다양하게 먹는 것이 뇌 성장에 도움이 된다. 생선류는 해마의 뉴런 생성을 촉진하는 DHA가 다량 함유된 좋은 식재료다.

디지털 도구를
똑똑하게 다루는 법

아무래도 아이의 생활 습관과 관련해 가장 신경 쓰이는 부분은 게임이나 스마트폰, 유튜브 등 디지털 기기나 온라인 콘텐츠의 영향입니다. 앞서 부작용에 관해 얘기하기도 했지만 개인적으로는 디지털 기술의 진화를 막을 수 없는 만큼 아이가 그 흐름을 거스르지 않고 도구로써 잘 다룰 수 있다면 좋겠다고 생각하거든요. 당연한 말씀입니다. 무조건 사용하지 못하게 하는 것은 아이에게 좋은 선택지가 아닙니다.

사실 디지털 기기에 몰두하는 것도 일종의 몰입 체험이 잖아요? 예를 들어 친구와의 게임에서 이기기 위해 연습을 한다거나 전략을 고민하는 것도 지적 호기심에서 비롯된 거 아닌가요? 분명 그렇습니다. 다만 게임이나 스마트폰이 위험하다고 하는 것은 중독되기가 쉽기 때문입니다.

좋아하는 것과 의존하는 것의 차이

중독이요? 담배나 알코올처럼 말인가요? 그렇습니다. 자기가 좋아서 한다기보다 중독에 빠져 뇌가 그것을 원하기 때문에 하게 된 상태라면 이미 병이라고 할 수 있습니다. 예를 들어 게임을 그만두지 못하는 뇌가 되어 버린 상태를 게임중독(또는 게임 장애)이라고 합니다. 세계보건기구who의 판정 기준에 따르면 성인의 경우 다음과 같은 상태가 12개월 지속될 때 게임중독으로 간주합니다.

- 게임하고 싶은 충동을 멈출 수 없다.
- 게임하는 것을 가장 우선시한다.
- 어떤 문제가 생겨도 게임을 계속한다.
- 개인, 가족, 사회, 학습, 일 등에 중대한 문제가 생기고 있다.

12개월이면 1년이군요. 새로운 게임이 출시된 후 일주일 동안만 폐인이 될 정도로 게임을 하는 건 안전하다는 뜻이네요(웃음). 그렇게 되나요(웃음). 하지만 성인과 달리 유소년기에는 뇌의 네트워크가 유연하게 변하기 때문에 성인과 비교할 때 중독이 더 빠르게 진행됩니다. 그래서 위 증상이 전부 해당되고 심지어 중증이라면 12개월보다 단기간 지속됐을지라도 게임중독으로 간주하죠.

게임을 너무 많이 해서 일상생활에 지장을 초래하는 게 문제인가요? 물론 그런 이유도 있지만 게임을 하는 시간이 길수록 뇌 발달이 늦어질 가능성이 있다는 연구 결과가 있습니다.[44] 구체적으로는 실행기능, 동기부여, 기억 인지와 관련된 영역의 발달 지연이 문제라고 밝혀지고 있죠.

그렇군요. 그럼 아이들에게 엄청난 인기를 끌고 있는 게임인 〈마인크래프트〉는 어떤가요? 3D 블럭으로 세상을 건설하는 게임이니, 이런 게임은 머리도 써야 하고 창의력도 기를 수 있지 않나요? 물론 뇌의 어떤 영역은 게임을 통해 단련될 수도 있습니다. 무엇이든 '지나치면' 뇌 성장에 좋지 않은 영향을 주는 거죠. 예를 들어 자기조절력을 기르기 위해서는 규칙을 만드는 것이 중요한데 아이가 게임하는 시간을 하루 2시간이라든지, 밤 몇 시까지라는 규칙을 분명히 정해놓고 그대로 따른다면 문제는 없다고 봅니다.

뇌가 좋아한다는 착각

게임 못지않게 온라인 세계, 카톡이나 인스타그램, 유튜브, 틱톡 같은 SNS에 온종일 빠져 있는 아이들도 적지 않다고 들었습니다. 그렇습니다. 이 역시 WHO에서는 질병으로 간주합니다.

현대인 대부분이 환자라는 말이군요(쓴웃음). 그렇게 될 가능성은 누구에게나 있죠. SNS를 그만두지 못하는 원인에 관해서는 《스마트폰 뇌》[45]라는 책을 비롯해 다양한 논문[46, 47, 48]에서 속속 밝혀지고 있습니다.

● 인터넷을 끊지 못하는 구조

- 사람의 본성에는 '새로운 정보를 보고/알고 싶다'는 정보 탐색 행동이 있다(이는 음식을 찾고 사냥감을 찾는 등의 보수 탐색 행동과도 연결돼 있다).
- '보고/알고 싶다'는 감정을 만들어 내는 것은 '기대'. 기대를 하면 뇌에서 보수 호르몬인 도파민이 방출된다.
- 기대가 채워지면 흥미가 사라지고 또 다른 기대를 채우기 위한 행동을 한다.

기대가 채워지면 거기서 끝이 아니라 다음엔 어떤 행동을 할지 찾아내려고 하는 악순환이 계속되는군요. 그렇습니다. 두근두근하는 마음이 오래 지속되진 않잖아요. '보고/알고 싶다'가 채워지는 순간이 정점이고 곧바로 또 다른 뭔가를 '보고/알고 싶다'고 생각합니다. 그러니 마지막이란 게 없을 수밖에요. 아이가 유튜브를 계속 보는 것도 뇌가 '새로운 정보를 얻고 싶다'는 감정에 사로잡혀 있기 때문일 수도 있습니다. 물론 중독에 가까운 경우도 있겠지만요.

그런데 '보고/알고 싶다'는 교수님이 매우 중요하다고 강조하시던 지적 호기심 아닌가요? 보고 싶고 알고 싶은 대상을 '좋아하는지 아닌지'가 중요합니다. 좋아하지도 않는 것을 계속 찾아보고 또 찾아본다면 중독에 가까울 가능성이 있습니다. 그 판별은 부모가 해야 하고요.

그러고 보니 저도 어제 한 연예인과 관련된 기사를 쭉 보고 있었는데 나중에 생각해 보니 그 사람을 좋아하는 것도 아니었더라고요. 그런 경우가 바로 '알고 싶으니까 알고 싶다'라고 할 수 있습니다. 도파민이 다량 방출돼 기사를 찾아보고 싶은 욕구를 억제하지 못한 거죠. 그래서 거기에 계속 신경이 쓰이고 그 일을 그만두지 못합니다. 결국 스마트폰이나 인터넷에 중독돼 버리면 눈앞에 닥친 공부나 일을 처리하는 능력의 질이 떨어질 우려가 있습니다. 사실 뇌는 복수의 작업을 병행해 처리하는 데 서툴러서 어떤 작업을 하다 다른 작업을 하면 다시 이전 작업을 할 때 본래의 집중 상태로 돌아오기까지 몇 분 정도 걸린다고 합니다. 전에 하던 다른 작업의 영향에서 벗어나지 못하는 것을 전문 용어로 '주의 잔여'라고 하는데 공부나 일을 하는 사이에 스마트폰을 잠깐 들여다보면 실제로 스마트폰을 본 시간 이상으로 시간을 빼앗길 가능성이 높아집니다.[49]

스마트폰이나 인터넷을 어떻게 대해야 할지 생각할수록 어렵네요. 2020년 정부 조사에 따르면 10~17세 청소년의 스마트폰 사용 시간은 하루 평균 2시간 40분으로 고등학생의 20퍼센트는 5시간 이상 사용한다고 나타났습니다. 그리고 그 시간은 해마다 증가하고 있죠.

하루 5시간이나요? 대체 뭘 하는 거죠? 채팅이나 SNS 같은 커뮤니케이션 도구를 사용하는 시간이 긴 것 같습니다. 그 외에 동영상을 보거나 게임을 하고 음악을 듣는 시간도 많고요.

대면 소통이 줄어들어 공감 능력은 저하되는데 스마트폰으로는 온종일 커뮤니케이션 도구를 사용한다니 그렇게라도 사회와 연결되고 싶은 걸까요? 좋은 지적입니다. 채팅이나 SNS에 빠져 지내는 아이들이 정말로 행복을 느끼고 있는지 조사해 보니 사실은 그렇지 않다는 연구 결과가 나왔습니다. SNS 이용 빈도가 높은 아이일수록 자기긍정감이 낮고 외로움 속에서 살고 있다고 합니다.[50] 5~18세 아이를 대상으로 벌인 조사였는데 SNS 이용 시간이 길고 빈도가 높을수록 우울감을 보였다는 거예요. 우울감이란 우울증까지는 아니더라도 기분이 우울하거나 불안을 느끼는 상태를 말합니다.

병들어 가고 있군요…. SNS에 의존하니까 외롭고 우울해지는 건지, 아니면 외롭고 우울하기 때문에 SNS에 빠져버리는 건지, 어느 쪽이 맞습니까? 그 질문에 대한 명확한 답은 없습니다. 다만 외로움이나 우울함은 사춘기를 겪는 누구나 느끼는 감정 아닐까요? 이 시기를 어떤 방식으로 이겨낼지는 본인의 의지는 물론이고 부모의 조언과 지지에 따라 달라질 겁니다.

규칙은 아이 스스로 정한다

자기긍정감이 높고 자기조절력도 갖춘 아이라면 스마트폰이 강력한 무기가 되지만 그렇지 못한 경우는 '취급 주의'가 되겠군요. 그렇습니다. 최근에는 초등학교에서도 인터넷의 위험성이나 스마트폰의 문제점을 알려 주고 있어요. 주변 어른들은 아이가 중독에 가까운 증상을 보이는지 주의 깊게 살펴볼 필요가 있습니다. 스마트폰이나 인터넷을 장시간 이용하면 다음과 같은 나쁜 영향을 미칠 수 있습니다.

● 스마트폰 및 인터넷 장시간 이용의 악영향

직접적 영향	간접적 영향(기회 손실)
• 의존 행동	• 운동 부족
• 주의력, 집중력 장애	• 공부 부족
• 고독감, 불안, 우울 증상	• 수면 부족
• 뇌 발달 자체에 미치는 영향	• 커뮤니케이션 부족

부모가 해줘야 할 일은 뭐가 있을까요? 게임과 마찬가지로 스마트폰이나 인터넷도 사용 시간을 제한하는 규칙을 만드

는 것이 좋습니다. 물론 스마트폰을 잘 다룰 때의 장점도 있지만 단점도 무시하지 않는 균형 있는 자세가 바람직하다고 봅니다. 사춘기 직전의 아이들은 자신의 행동을 억제하는 뇌 기능 발달이 아직 끝나지 않은 상태기 때문에 특히 자기조절력을 기를 수 있는 규칙이 중요합니다.

아이가 규칙을 구속으로 여겨 오히려 비뚤어지진 않을까 걱정도 되네요. 부모가 일방적으로 규칙을 정해 놓고 아이에게 따르라고 해서는 안 됩니다. 규칙을 정하기 전에 아이와 충분히 대화하고 아이 스스로 규칙을 정하게 하는 것이 좋습니다. 아이가 규칙을 잘 지키면 적절한 보상을 주는 것도 한 방법입니다.

혹시 아이가 규칙을 어기면 "네가 정한 거잖아!"라고 말하면 되겠네요(웃음). 혹시 디지털 기기의 권장 사용 시간이 있나요? 몇 시간이 좋다고 정해진 건 없습니다. 아이의 생활을 관찰하면서 유연하게 대처하면 됩니다. 공부나 수면, 식사 등 일상에 지장이 없는 선에서 제한하는 게 기본이겠죠. 또 앞에서 말씀드린 것처럼 잠자기 1~2시간 전부터는 스마트폰을 사용하지 않는 것이 중요합니다.

잠자기 전에 스마트폰을 사용하면 수면의 질이 떨어진다고 하셨죠. 그렇습니다. 한창 성장 중인 아이에게는 수면이 특히 중요하니 수면의 질을 높이기 위해 노력해야 합니다.

규칙을 정하는 것 외에 해줄 수 있는 일은 없나요? 자녀가 아직 어리다면 스마트폰이나 게임에 흥미를 갖기 전 다양한 야외 활동으로 우리 삶의 여러 생생한 환경을 체험하게 할 필요가 있습니다. 디지털 세계가 아니더라도 재밌는 일이나 몰입할 수 있는 것이 많다는 점을 알려주기 위해서죠.

이미 늦은 거 아닌가 모르겠네요. 말씀드렸다시피 뇌에는 가소성이 있으니 몇 살부터든 상관없습니다. 마지막으로 아이의 스마트폰 중독을 막기 위해 부모가 해야 할 가장 중요한 일은 바로 부모가 아이 앞에서 장시간 스마트폰을 사용하는 모습을 보여주지 않는 것이라는 점을 강조하고 싶네요.

부모는 아이의 거울이니까 말이죠. 그렇습니다. 아이는 언제나 부모를 지켜보고 있습니다. 부모는 틈만 나면 스마트폰을 붙들고 있으면서 아이에게는 "이제 그만 봐야지"라고 한다면 설득력이 없겠죠?

스마트폰으로 업무도 겸하는 어른들에게는 쉽지 않은 일이네요. 스마트폰 사용 시간을 줄이는 정도면 되니까 여러 대안을 찾아볼 수 있습니다. 예를 들면 업무 메일이나 SNS 확인은 스마트폰이 아니라 노트북으로 하고 책은 전자책이 아닌 종이 책을 읽을 수 있습니다. 유튜브는 아이가 없는 시간에 볼 수도 있고요. 이런 작은 배려만으로도 아이가 받아들이는 인상이 달라지리라고 생각합니다.

.∕ 편집자 T

교수님께서 의존증에 걸릴 위험이 있다고 하셔서 스마트폰 시간 제한을 둡니다. 저희 아이는 유튜브는 하루 30분, 게임은 토요일과 일요일에만 45분간 합니다. 지인들이 엄청 짧은 시간이라며 아이가 그 약속을 잘 지키느냐고 묻곤 합니다. 본인이 약속한 시간이라서인지 잘 지키는 편입니다.

뇌과학자의 밑줄

1. 게임을 지나치게 많이 하면 실행기능, 동기부여, 기억 인지와 관련된 뇌의 발달이 지연될 수 있다. '하루 몇 시간', '일주일에 몇 번' 등 아이 스스로 규칙을 정해 게임을 하게 하자.

2. SNS 이용 빈도가 높은 아이일수록 외로움과 우울감을 많이 느낀다는 연구 결과가 있다. 사춘기 아이가 SNS에 빠지는 대신 다른 방식으로 부정적인 감정을 이겨낼 수 있도록 부모가 관심을 갖고 조언과 지지를 아끼지 말아야 한다.

3. 자신의 행동을 억제하는 뇌 기능이 충분히 발달되지 않은 아이들은 스마트폰이나 인터넷 등 디지털 기기에 중독되기 쉽다. 아이 스스로 사용 시간 규칙을 정하고 이를 지키게 함으로써 중독을 예방하고 자기조절력을 길러 줄 수 있다.

4. 부모는 아이의 거울이다. 아이가 스마트폰에 중독되지 않게 하려면 부모가 먼저 스마트폰을 내려놓아야 한다.

Part
4

나만 알고 싶은
평생 똑똑한 뇌의 비밀

젊은 뇌를 만드는
최고의 방법

성인의 뇌를 위해 좋은 것이면 아이의 뇌에도 좋다고 하셨죠? 그렇습니다. 더구나 아이에게 뭔가 새로운 것을 시작하게 하려면 부모도 함께해서 의지를 북돋아주는 것이 훨씬 더 효과가 있습니다. 이 기회에 따님과 함께 당장 운동을 시작하는 것은 어떻습니까?

당장, 운동이요? 운동 외에도 인간의 뇌에 좋은 것들을 다양하게 알려드리겠습니다. 성장이 끝나면 뇌는 천천히 노화가 시작됩니다. 지금 초등학생도 몇 년 후에는 노화 단계에 진입하는 거죠. 그러나 지금까지 말씀드렸듯 성장이 끝난 뇌에도 꾸준히 자극을 주면 계속해서 성능이 좋아지고 노화를 늦추는 것까지 가능합니다.

뇌 성능이 좋아져서 똑똑해지면 일 처리 속도도 빨라지겠지요? 원고를 빨리 마감할 수 있게 될 테니 정말 좋겠네요. 아직 먼 미래 같지만 치매 예방에도 효과가 있을까요? 그렇습니다. 아이뿐 아니라 부모, 그리고 할머니, 할아버지까지 모두 건강하게 지내는 것만큼 기쁜 일은 없을 테니까요. 퀴즈 하나를 내겠습니다. 아래 MRI 영상은 각각 다른 사람의 뇌를 가로로 둥글게 자른 단면도입니다. A 뇌에 비해, B 뇌는 빈틈이 많고 위축되어 있습니다. 두 사람은 몇 살 정도 차이가 날까요?

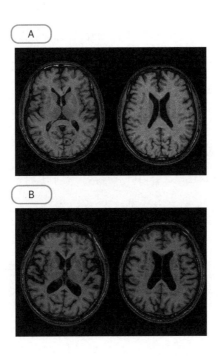

잘 모르겠지만, 위에 꽉 찬 듯 보이는 A 뇌는 30대, 아래 빈틈이 많은 B 뇌는 70대쯤? 두 사람 다 60세입니다.

같은 나이인데도 이렇게 차이가 난다고요? 사진을 보니 올바른 대책을 세워야겠다는 마음이 저절로 생기지 않나요?

과학은 뇌에 좋은 것을 알고 있다

당장 그 대책이 뭔지 알아야 할 것 같은 느낌이 듭니다. 우선 연령대에 따라 뇌의 인지 기능이 어떻게 저하되는지 다음 페이지의 그래프부터 봅시다.[1]

처리 속도, 이해, 기억력… 다양한 부분에서 쇠퇴하네요. 그렇습니다. 겉보기엔 아무리 건강해도 나이에 따라 이렇게나 기능이 떨어집니다. 하지만 역시 개인차가 있어서 100세에도 젊은 사람과 다를 바 없는 사람도 있습니다. 그러니 되도록 뇌 기능을 떨어뜨리지 않는 습관을 갖는 것이 가장 좋습니다.

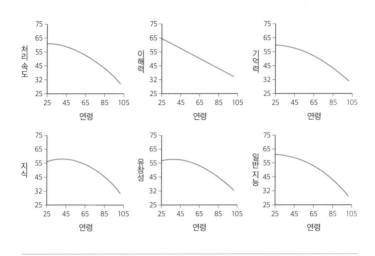

　　구체적으로 무엇을 어떻게 하면 좋은지 어서 알려주세요! 뇌 건강을 유지하고 치매를 예방하는 데, 과학적 증거로서의 가치가 가장 높은 세 가지가 있습니다. '뇌를 젊게 유지하기 위해 반드시 해야 할 세 가지'로 기억해 주세요. '운동', '취미와 호기심', '커뮤니케이션(사회 활동)'입니다. 그 다음으로 세 가지를 더 꼽자면 '식사', '수면', '행복감'입니다.

　　처음 말씀하신 '운동', '취미와 호기심', '커뮤니케이션' 쪽이 더 확실한 효과를 기대할 수 있다는 건가요? 그것부터 시작하면 되겠네요. 기본적으로는 그렇습니다만, 그다음 말씀드린 세 가지에 대해서도 요즘 연구가 활발히 진행되고 있어 과학적 증거가 더 많이 생겨날 가능성은 있습니다. 그러니까 이 여섯 가지 중에서 자신이 할 수 있는 것부터 시작하기를 제안합니다.

혈류와 뇌

아무리 피하려 해도 운동은 어김없이 나타나는군요. 그만큼 뇌에 좋으니까요. 신체 건강에도 좋고요. 그럼 왜 운동이 뇌 건강에 좋은지 조금 깊이 들어가 보겠습니다. 걷기나 달리기 등 유산소 운동을 하면 뇌 안의 혈류가 증가합니다. 혈류가 증가하면 뇌 안에는 뇌유래신경영양인자BDNF, 혈관내피성장인자VEGF, 인슐린유사성장인자IGF-1, 섬유아세포성장인자FGF-2라는 특정 세포의 성장을 촉진시키는 호르몬이 방출됩니다.[2]

무슨 말인지 하나도 이해가 안 가는데요. 좀 더 자세히 설명해 드릴게요. 우선 뇌유래신경영양인자, BDNF가 증가하면 해마 신경의 생성이 촉진됩니다.[3] 다시 말해 운동을 하면 기억력이 좋아진다고 생각하면 되지요. 뿐만 아니라 BDNF는 신경 네트워크의 형성을 촉진하기도 하고 뇌 가소성을 방해하는 물질을 억제하기도 합니다.[4]

그럼 다른 물질들은요? 인슐린유사성장인자 IGF-1은 신경전달물질인 세로토닌이나 BDNF의 생성을 촉진합니다.[5] 그 결과 신경세포끼리의 결합을 돕거나 장기기억력 향상에 도움을 주기도 합니다. 혈관내피성장인자 VEGF나 IGF-1은 장기적으로 신경세포를 증가시키는 데 도움을 주고요.

한마디로, 뇌 성장이나 유지에 필요한 영양 성분을 만들고 골고루 퍼지도록 한다는 의미인가요? 쉽게 말하면 그렇습니다(웃음).

운동화를 신은 똑똑한 뇌

그런데 어느 정도 운동할 때 어느 정도의 효과가 있습니까? 운동이 뇌에 주는 영향에 대한 과학적 증거는 아주 많습니다. 하나씩 설명해 드릴게요. 중년에 주 2회 이상 운동을 하면 치매 위험이 약 40퍼센트 낮아지는 것으로 밝혀졌습니다. 특히 유전적으로 치매에 걸릴 확률이 높은 사람에게서 그 효과가 두드러지게 나타났습니다.[6]

40퍼센트면 엄청난 수치인데요? 젊은 사람뿐 아니라 고령자가 산책하는 습관만 들여도 노화로 인한 신체 기능과 뇌 건강이 개선되었다는 보고가 있습니다.[7]

● **운동이 정신 건강에 좋은 영향을 미친다는 과학적 증거**

- 마리화나 유사 물질인 엔드칸나비노이드가 증가해 감정을 관장하는 편도체의 과잉 활동을 조절하고 피로나 불안감 등을 줄여준다.[8]
- 활동력의 원천이라 불리는 신경전달물질 도파민이 증가해 행복감이 높아지고 주의력, 집중력 등이 개선된다.[9]
- 정신을 안정시키는 신경전달물질 세로토닌이 증가해 불안감을 줄여준다.[10]

운동이 우울증에도 효과가 있다고 들었는데요. 운동이 정신 건강에도 좋은 영향을 미친다는 과학적 증거가 많습니다. 우울증은 만성 스트레스로 인해 발병하는데, 피험자에게 운동을 시킨 뒤 스트레스 상황을 주었을 때, 스트레스를 진정시키는 반응이 높았다는 연구 결과가 있습니다.[11]

여러모로 운동을 해야만 하겠네요. 구체적으로 어떤 운동이 좋습니까? 가장 이상적인 수준을 말씀드리면, 중강도 또는 고강도 운동을 주 2~3회, 한 번에 45~60분씩 하는 겁니다.[12] 중강도는 숨이 조금 가빠지는 정도로 빠르게 걷거나 조깅을 하는 정도의 강도를 말합니다. 고강도는 가쁜 숨을 몰아쉬는 정도의 운동을 말합니다. 유산소 운동이든 근력 운동 같은 무산소 운동이든, 그 두 가지를 섞은 운동이든 결과에는 별 차이가 없는 것으로 알려져 있습니다. 테니스, 골프, 수영처럼 취미로 계속할 수 있는 것도 좋습니다.

주 2~3회, 한 번에 45~60분이면 육아와 일에 쫓기는 사람으로서는 조금 무리처럼 느껴지기도 해요. 정해진 시간보다는 습관이 중요하니까 점심시간처럼 이동할 때 빠르게 걷거나 조깅하듯 가볍게 달리는 것은 어떨까요? 또 아이디어가 막혔을 때 나와서 걸어도 좋고요. 걸으면서 골몰하면 아이디어가 더 잘 떠오르거나 복잡한 생각을 정리하는 데 효과가 좋다는 연구 결과도 있습니다.[13]

회사생활하며 만난 상사 중에 업무 시간 중에 회사 주위를 빙빙 도는 사람이 있었어요. 도대체 업무 시간 중에 왜 일은 안 하고 산책을 하는지 의아했는데 노는 게 아니었네요. 뇌과학으로 볼 때는 틀린 방법이 아니지요.

평일에 운동하면 저녁 때 너무 피곤한 것도 걱정이에요. 오히려 그게 더 좋습니다. 하루 중 아무 때나 운동을 하면 수면의 질이 좋아집니다. 쉽게 잠들 수도 있고 깊이 잘 수도 있고요.

곤란한 게 밤뿐 아니라 아침이든 점심이든 운동하고 나면 나른하고 졸리더라고요. 그럴 때는 15분 정도 짧은 잠을 자면 좋습니다. 가장 좋은 건 아침 운동입니다. 각성 효과가 있어서 힘이 나거든요. 그러고 나서 점심 후에 잠깐 선잠을 자고 밤에는 푹 잘 수 있으니 가장 좋죠. 운동 때문에 피로해서 일의 능률이 떨어질 일은 거의 없습니다.

그래도 운동 후에 씻고 정리까지 하면, 역시 시간이 오래 걸릴 텐데 좀 짧게 해도 될까요? 줄넘기도 괜찮아요. 10분 정도만 해도 상당한 운동량이 될 겁니다. 짧은 시간에 가장 집중해서 할 수 있는 것은 근력 운동입니다. 과학적 증거 면에서 말하자면 당연히 유산소 운동만큼 좋은 것은 없습니다. 하지만 근력 운동처럼 순간적으로 부하를 거는 운동도 뇌 기능 유지에 효과가 있습니다.[14] 저도 날마다 근력 운동을 합니다. 근력 운동을 해서 근육량이 증가하면 기초 대사량이 높아집니다. 그러면 비만도 예방될 뿐 아니라 혈당도 쉽게 오르지 않습니다. 근력 운동은 별다른 부작용 없이 뇌에도 좋으니까 그야말로 금상첨화라 생각됩니다.

그러면 글이 잘 안 써질 때 산책을 하고 아이와 놀이터에 가면 함께 철봉을 하는 것부터 시작해봐야겠어요. 그거면 시작으로 충분해 보입니다. 할 수 있는 것부터 하다가 차츰 운동을 습관화하면 되니까요. 서서 일하는 것도 좋은 방법입니다. 요새는 높이 조절하는 책상도 많이 나오잖아요. 고등학생을 서서 공부시켰더니 실행기능과 작업 기억력이 7~14퍼센트 개선되었다는 조사 결과가 있습니다.[15] 이는, 운동을 13주간 꾸준히 했을 때와 같은 수준이라고 합니다.

의자 없이 서서 일하는 책상 말인가요? 졸릴 때나 허리 아플 때만 쓰는 건 줄 알았는데 운동 효과도 있군요. 어쨌거나 이야기를 듣고 보니 습관이 핵심인 것 같습니다. 왜냐하면

3개월에 한 번 골프를 치는 정도라면 뇌에 별다른 자극이 되지는 않을 테니까요. 맞는 말씀입니다. 그렇지만 습관화하기 위해서는 첫걸음을 내딛는 것이 중요하죠. 골프를 쳐보니 즐거웠다면 연습장에 정기적으로 다닌다든지, 비거리를 늘리기 위해 근력 운동을 한다든지 다른 행동으로 이어질지도 모르지요.

자꾸 이 핑계 저 핑계로 운동을 피하고 있는 제가 어떻게 해야 운동을 습관화할 수 있을지 상상조차 할 수가 없네요(흑흑). 교수님은 어떻게 근력 운동을 습관화했습니까? 스몰 스텝법입니다. 작은 행동을 조금씩 단계를 높여서 꾸준히 하는 방법입니다. 예를 들어 근력 운동이라면 처음 1주일 동안은 팔굽혀펴기를 1회만 한다는 식입니다.

그런 식이라면 누구든 쉽게 시작할 수 있겠네요. 누구든 할 수 있는 것부터 출발하는 게 스몰 스텝법의 핵심입니다. 결국 매일 근력 운동을 할 수 있게 됩니다. 스몰 스텝법은 공부와도 연관이 있어서 뒤에 다시 자세히 설명하겠습니다.

뇌과학자의 밑줄

1. 성장이 끝난 뇌에도 꾸준히 자극을 주면 노화를 늦추고 성능도 좋아질 수 있다. 아이 뇌가 성장하는 때부터 뇌 기능을 떨어뜨리지 않는 습관을 갖도록 하자.

2. 뇌를 젊게 유지하고 싶다면 '운동', '취미와 호기심', '커뮤니케이션', '식사', '수면', '행복감', 이 여섯 가지 중에 자신이 할 수 있는 것부터 시작해 보자.

3. 운동은 뇌 안의 혈류를 증가시켜 뇌 성장과 유지에 필요한 영양 성분이 골고루 퍼지도록 한다.

4. 중·고강도 운동을 주 2~3회, 한 번에 45~60분씩 하는 것이 이상적이나 10분 줄넘기, 빠르게 걷기 등 간단한 운동부터 습관화하는 것이 더 중요하다. 운동 시간이 부족한 학생의 경우, 서서 공부할 때 실행기능과 작업 기억력 개선에 도움이 된다.

똑똑한 사람은
특별하게 시간을 보낸다

취미라, 이것 하나만큼은 자신 있습니다. 즐기면서 무언가에 몰두하는 것은 더할 나위 없이 좋은 뇌 훈련 방법입니다. 지적 호기심이 많은 사람일수록 뇌 기능 저하 속도가 늦다고 알려져 있어요. 고차 인지 기능을 관장하는 측두두정부 크기와 지적 호기심의 상관관계를 조사해보니, 호기심이 많은 사람일수록 이 부위의 위축이 억제되고 있다는 사실이 밝혀졌거든요.[16]

그냥 좋아하는 걸 했을 뿐인데도 뇌가 발달한다고요? 네, 그렇습니다. 지적 호기심이 큰 사람일수록 기억력이 좋았고 오래 지속됐습니다. 구체적으로는 좋아하는 활동을 하면 해마, 중뇌 쪽의 복측피개야, 측좌핵, 중뇌 흑질 등의 활동이 활발해진다고 합니다.[17] 같은 연구에서 지적 호기심이 큰 그룹과 작은 그룹은 시험 정답률에도 차이를 보였는데, 지적 호기심이 큰 그룹은 시험 정답률이 70퍼센트 내외였다면, 지적 호기심이 작은 그룹은 정답률이 50퍼센트대였습니다.

좋은 점만 있는 건가요? 정말 놀랍지 않습니까. 기억력이 오래 지속된다 하니 생각났는데, 저는 피아노를 40대부터 시작했습니다. 처음에는 어제 본 악보도 처음 본 악보마냥 전혀 기억할 수 없었습니다. 하지만 꾸준히 하다 보니 10쪽 정도의 악보라면 조금만 연습해도 기억이 나더라고요. 계속 반복하다 보니 기억력이 나날이 성장하는 게 느껴졌습니다. 이게 피아노만의 일일까요? 당연히 일에도 적용됩니다.

아, 단지 익숙해서가 아니라 기억력이 좋아지는 거군요. 지적 호기심이 큰 사람은 스트레스 수준도 낮습니다.[18] 좋아하는 일을 평소에도 실컷 즐기니까, 좋아하는 일이 없는 사람에 비하면 당연할 수 있겠지요. 해야 하는 일만 하는 사람은 스트레스를 받을 일이 많을 거예요. 그런데 스트레스는 해마나 전두전야의 기능을 떨어뜨리니까, 반대로 스트레스를 적게 받을수록 뇌 건강을 지키기 쉽다는 의미입니다.

배움에 늦은 시기란 없다

듣고 있자니 취미가 없는 사람은 초조하게 느껴질 수 있겠어요. 뭔가를 시작하는 데 너무 늦은 시기는 없습니다. 계속 말했지만 성장이 끝난 뇌도 가소성은 있습니다.

나이가 들수록 새로운 걸 쉽게 포기하게 되는 것 같아요. 저희 부모님만 해도 키오스크가 있는 매장은 꺼려하세요. 네 살 아이는 해보고 싶어서 난리인데요. 맞아요. 결국 한걸음을 내딛느냐 마느냐 하는 문제예요. 운동도 취미도 마찬가지입니다. 저도 사람들에게 평생 똑똑한 뇌, 명쾌한 정신으로 살고 싶으면 취미를 만들고 운동을 하자고 늘 역설하고 있지만 '마흔 넘어서 피아노는 무리잖아요', '쉰 살이 되니 달리는 건 겁부터 나요', '예순에 영어 배워서 어디다 써요' 같은 말을 더 많이 듣습니다. 그런데 남은 인생을 길게 보면 20~30대가 여유 있는 것 같지만, 하루 시간으로 따지면 중년이나 노년이 더 시간적 여유가 많습니다. 재밌을 것 같다면 그게 무엇이든 지금 시작하길 바랍니다.

시작도 전부터 결과부터 따지고 들지 말아야 한다는 말

씀이군요. 네. 게다가 젊은 사람이 더 빨리 습득할 것 같지만, 나이 든 사람이 과제해결력이나 정보수집력이 높기도 하고 본인의 강약점을 잘 알고 있어서 아이보다 빨리 배우는 경우도 많습니다.

이 예가 맞나 싶긴 한데, 저는 컴퓨터로 작곡을 할 때 아무 멜로디나 입력하며 다양한 조합을 즐기는데, 옆집 아이는 매일 같은 곡만 연습하고 있어요. 그때마다 '매일 같은 곡 연습하면 지겹겠다'고 속으로 참견하곤 해요. 아이에게는 기계적인 반복도 좋은 학습법입니다. 능숙하게 손가락을 움직일 수 있게 되니까 두뇌 발달에 도움이 되는 데다, 아이의 장래 희망이 피아니스트라면 연습은 필수니까요. 다만 어른이 취미로 뭔가를 할 때는 더 쉽게 접근해도 됩니다. 좋아하는 일에는 일단 덤벼드는 것이, 사소한 목표라도 꾸준히 해서 이루는 것이, 그 과정을 즐기는 것이 가장 중요하니까요. 취미나 지적 호기심이 뇌에 좋은 영향을 준다는 과학적 증거는 얼마든지 있습니다.

외국어, 독서, 피아노…… 여러 가지 활동이 있지만 결국 '뇌를 얼마만큼 열심히 사용하는가'가 중요한 듯 보입니다. 그렇습니다. 그러니 꼭 취미가 아니더라도 계속 일을 하고 있

● 취미, 지적 호기심과 뇌 발달의 관계

- 신체 건강한 고령자가 생소한 외국어를 공부하면 창의성 등 인지 기능이 유지되고, 치매에 걸릴 위험성도 낮출 수 있다.[19]
- 하루 3.5시간 이상 독서하는 습관이 있는 고령자는 그렇지 않은 고령자에 비해 일정 연령 사망률이 17퍼센트 정도 감소한다.[20]
- 건강한 고령자가 4개월간 매일 피아노를 배우면 회화 수업을 받은 그룹보다 주의력, 실행기능 등 인지 기능이 개선되어 신체적, 심리적인 삶의 질이 향상된다.[21]
- 나이가 많아도, 심지어 알츠하이머에 걸렸어도 여가 활동 참여도가 높으면 인지 기능이 저하되지 않는다.[22]
- 건강한 고령자가 사진이나 퀼팅 등을 자발적으로 배우면 수동적인 활동(회화)만을 한 그룹보다 기억력(개인이 경험한 사건에 관한 기억)이 유의미한 수준으로 개선된다.[23]

다면 뇌를 젊게 유지할 수 있습니다. 오사카의 한 부품제조회사에서 일하는 90세 여성이 세계 최고령 총무부 직원으로 기네스북에 올랐다는 뉴스가 떠오릅니다. 그분이 70세에 가까워질 때쯤 회사 시스템이 온라인으로 바뀌었는데 쿵쿵대는 마음을 진정시켜 가며 컴퓨터 사용법을 익혔다고 합니다.

호기심이 있으면 몇 살이라도 일할 수 있다는 말씀이군요! 그것이 뇌를 젊게 유지하는 비결이고, 일하는 힘이 되기도 하니까요.

악기의 효과

뇌 발달이 멈춘 어른한테도 좋은 취미가 있을까요? 나이를 막론하고 저는 악기 연주를 추천드립니다. 세상에는 다양한 여가 활동이 있지만 뇌만 생각하면 악기 연주 이상의 취미가 없습니다. 뇌를 자극하고 오래 할 수 있으며 커뮤니케이션 기회도 늘어나는 데다가 창의력도 높아지니까요. 음악을 하는 사람은 뇌 연령이 또래에 비해 젊다는 과학적 증거가 있습니다.[24] 프로가 아니라 아마추어 연주자도 뇌가 젊다고 하니 신기하지 않습니까? 그리고 습관적으로 악기를 연주하는 사람과 가끔 연주하는 사람을 비교해보면, 습관적으로 연주하는 사람의 치매 위험도가 0.31배까지 줄어든다는 데이터도 있습니다.[25]

수치를 들으면 늘 놀랍습니다. 그렇게나 차이가 나는구나 싶고요. 일본치매예방학회에서도 음악 치료가 분명히 효과

가 있다고 인정했습니다. 또 악기 연주는 스트레스를 낮추고 면역력을 높이는 등의 효과도 있습니다.[26]

취미가 없는 사람이라면

세상에는 취미가 없어서 난처해하는 사람도 꽤 있더라고요. 맞습니다. 취미가 없다고 해도 세상 사는 데 문제가 될 일은 없지요. 다만 취미가 있으면 뇌 건강에 도움이 되고 부모가 뭔가에 몰두하면 아이도 여러 분야에 흥미를 갖게 될 테니 좋은 거죠.

취미를 찾는 좋은 방법이 있을까요? 일단 예전에 한 번이라도 해봤던 것을 하는 것은 어떨까요? 어렸을 때 해봤던 피아노나 테니스, 바둑이든 뭐든 일단 한번 해보시라고 권해드립니다.

저는 최근 갑자기 음악을 시작했습니다만, 지금 생각해보니 중학교 다닐 때 잠깐 기타를 만지작거린 적은 있었어요. 좋은 예네요. 과거에 잘했든 못했든, 예전에 했을 때를 떠올리면 쉽게 시도해볼 수 있습니다. 오랜만에 피아노를 쳐보고 싶으면 중고 전자 피아노를 사도 좋고, 달리기라면 지금 신발 끈만 고쳐 묶으면 되겠죠.

저는 뭐든 시작할 때 장비를 제대로 갖춰야 하는 타입인데요. 돈에 여유가 있다면 그렇게 해도 상관없지요. 새로 산 비싼 기타가 동기부여가 돼서 더 열중하게 되는 사람도 있으니까요. 만약 새 취미를 찾는 데 돈도 좀 쓸 생각이라면 어렸을 때 동경했던 것을 떠올려 보는 것도 추천합니다. 저는 어렸을 때 록밴드를 동경했기에 쉰 살이 넘어서 드럼을 시작했어요.

그런 접근도 확실한 동기부여가 되겠어요. 어렸을 때 하고 싶었던 걸 한다는 점에서요. 과거를 되돌아봐도 딱히 마음이 움직이는 게 없다면, 친구의 취미생활을 같이 해보는 것도 좋습니다. 친구가 사진에 푹 빠져 있다면 한번 촬영을 따라간다거나, 그림을 그린다면 체험 수업을 해본다거나요. 최근에는 뭘 하든 유튜브를 통해 독학할 수도 있지만, 친구와 함께 한다면 더 효율적입니다. 그 세계의 특징이나 업계 트렌드, 준비물 정보 등 다양한 대화를 나눌 수 있으니까요.

그런데 친구가 없는 사람이나 친구도 만나기 귀찮은 사람도 취미를 가질 수 있을까요? 그런 분에게는 여행이나 요리를 추천합니다. 혼자서도 할 수 있고 뇌 건강을 유지하는 데도 좋죠. 여행이라고 하면 '그렇게 비싼 걸 추천한다니요!' 하면서 거부의 눈빛부터 보내는 분이 많은데요(웃음). 멀리 가는 것만 여행이 아닙니다. 평상시 활동 영역에서 두세 정거장 떨어진 역까지 가 보는 것도 여행이니까요. 여행은 여행을 하는 순간뿐 아니라, 떠나기 전 계획을 세울 때부터 시작 아닌가요? 새로운 곳을 조사하고 먹고 싶은 것, 보고 싶은 것을 추릴 때 지적 호기심이 자극되게 마련입니다. 여행은 몸을 움직이기도 좋고, 다녀와서도 기억을 정리하고 다른 사람과 나누는 기회로도 이어지죠.

교수님도 여행을 좋아합니까? 좋아하고 말고요. 사실은 저, 지리나 역사도 정말 좋아해서 휴일에 도쿄의 아자부나 아카사카 근방을 자주 찾습니다. 그곳 비탈길을 오르내리면서 혼잣말로 '이 비탈길은 무사시노 고원의 끝자락이야.', '이 일대는 그 영주의 교외 별장이었지.' 하고 떠올리면서 좋아하곤 합니다. 아무튼 무작정 걷는 것만으로 운동이 되기 때문에 뇌에 아주 좋은 자극이 될 겁니다.

요리는 어떤 면에서 좋을까요? 걷거나 나가지 않는데요. 요리할 때는 뇌를 풀가동하게 되잖아요. 냉장고 속 식재료를 파악해서 메뉴를 떠올리고, 조리 과정을 생각한 다음, 부족한 재료를 사러 장을 보러 가는 게 보통이죠. 요리하는 중에도 두세 가지 작업을 동시에 하게 됩니다. 재료를 손질하는 데는 주로 손끝을 사용하는 '교차성 운동'을 하게 되므로 뇌가 엄청나게 활성화됩니다. 영양소 섭취만을 따지면 잘 만들어진 밀키트나 포장음식도 괜찮지만, 뇌 발달을 생각하면 직접 요리를 만드는 것이 훨씬 좋습니다.

뇌과학자의 밑줄

1. 지적 호기심이 큰 사람일수록 기억력이 좋고 오래 지속되며 시험 성적도 높게 나타난다. 뿐만 아니라 스트레스 수준이 낮아 뇌 건강을 지키기 쉽다.

2. 음악을 하는 사람의 뇌 연령이 또래에 비해 젊다는 과학적 증거가 있는 만큼 뇌 발달에 좋은 취미로 악기 연주를 추천한다.

3. 취미를 찾기 어렵다면 어릴 때 해봤던 것부터 시작하거나 친구의 취미생활을 함께 해보는 것도 좋다. 여행, 요리, 외국어, 독서, 피아노 등 무엇이 됐든 즐기면서 몰두하는 것이 가장 좋은 뇌 훈련 방법이다.

일은
오래 할수록 좋다

저는 사람들 관계가 서툰 데다 일도 취미도 주로 집에서 혼자 하기 때문에 가족 외엔 다른 사람들과 대화가 거의 없는 편이에요. 그 자체가 불편하지는 않지만 뇌에는 당연히 좋지 않을 것 같습니다. 그럴 리가요, 글을 쓰는 것도 커뮤니케이션의 일종입니다. 어떤 생각을 하면서 원고를 쓰시나요?

'어떻게 표현해야 독자가 잘 이해할 수 있을까?', '독자가 알고 싶은 것은 뭘까?' 같은 생각이죠. 그렇다면 보통 사람보다 오히려 커뮤니케이션 능력이 더 단련되고 있는지도 모릅니다. 원고를 쓰는 것이 뇌에 엄청난 자극을 주고 있으니 걱정하지 마세요.

일을 하면 뭔가 다른가요? 새삼스럽지만 사회생활이나

커뮤니케이션이 왜 중요한가 하면 감정 인지, 언어, 공감력, 사회성 등과 관련된 뇌의 여러 영역이 총동원되어 이뤄지는 일이기 때문입니다.[27] 뇌만 생각하면 가능한 한 평생토록 자기 일을 하며 사는 게 가장 좋지요.

회사 일을 하려면 커뮤니케이션이 필수니까요. 과거만 해도 보통 60세에 정년 퇴직을 하고 노년을 보냈지만, 최근에는 조기퇴직 제도를 활용해 50대에 직장을 그만두는 사람도 있습니다. 재고용 제도를 통해 60세 넘어서도 계속 일하는 사람도 있으니 선택의 폭도 늘어났지만요. 퇴직을 빨리 하고 편히 살면 좋은 것 같지만, 이 '퇴직 연령'이 꽤 중요한 의미를 갖습니다. 건강한 사람들을 비교하니 1년 더 늦게 퇴직한 사람의 사망 위험이 11퍼센트 더 낮다는 조사 결과가 있습니다.[28]

1년에 11퍼센트요? 최근에는 파이어족이라고 해서 일찌감치 은퇴하는 것이 능력 있는 것으로 여기는 사회적 분위기가 있습니다. 또한 생활비가 덜 드는 지방으로 이주함으로써 은퇴를 앞당기는 사람들도 있습니다. 그런데 일찍 은퇴하면 60대 초반이라도 뇌의 실행기능에 안 좋은 영향이 발생하는 것으로 밝혀지고 있습니다.[29]

파이어족을 막연하게 동경했는데 좋기만 한 것은 아니었네요. 퇴직 후에 열중할 수 있는 취미가 있고 사회적 교류도 활발하다면 상관없겠지만요.

일을 안 하더라도 뭘 하느냐에 따라 달라질 수 있군요. 네, 그럴 가능성이 상당히 크지요. 일례로 다음과 같은 데이터가 있습니다.

● **라이프스타일과 뇌의 인지 기능**

- 신체가 건강한 노인의 경우, 사회생활이 활발한 그룹은 대조 그룹보다 12년간 최대 70퍼센트나 인지 기능이 유지되었다.[30]
- 사회생활을 잘하는 그룹과 대조 그룹의 기억력을 6년간 조사한 결과, 사회생활 잘하는 그룹은 기억력 저하가 절반 수준에 그쳤다.[31]
- 사회적으로 고립돼 있으면 사회생활을 하는 그룹에 비해 치매 리스크가 유의미하게 높았다.[32]

유행을 좇을수록 젊은 뇌

저희 부모님은 요즘 다리가 불편해서 어디 다니기 힘들어하시는데, 그 경우 어떻게 하면 될까요? 날마다 전화 통화를 하면 도움이 될까요? 스마트폰이나 태블릿 사용법을 익히고 화상통화를 하는 것도 좋습니다. 건강한 고령자가 6주간 매일 30분가량 화상통화를 했을 경우, 음성통화만 한 그룹과 비교하면 언어기능이나 실행기능 같은 고차 인지 기능이 상승했다는 연구 결과가 있습니다.[33]

음성통화와 화상통화의 차이도 존재하네요. 음성뿐 아니라 영상도 접하니 그만큼 받아들이는 정보가 더 많아지고 뇌에 자극도 많이 들어간다는 뜻이겠지요. 그리고 사회와의 관계성 측면에서 볼 때도 대화하는 자세나 옷매무새 등 겉모습을 제대로 정돈하는지 아닌지도 뇌에 영향을 줍니다.[34] 제가 실제로 고령자의 뇌 MRI를 해독할 때도 보면, 첫인상이 깔끔한 사람의 뇌는 대체로 젊었고 그렇지 않은 사람의 뇌는 위축되어 있는 경우가 적지 않았거든요. 이 역시 닭이 먼저냐 달걀이 먼저냐 하는 문제일 수 있겠습니다. 평소에 외출을 자주 하기 때문에 외출할 때 외모를 잘 가꾸는 경우가 있는가 하면, 평소에 외모가 정돈돼 있으니 쉽게 외출할 마음을 먹을 수도 있을 거고요. 입고 싶은 옷이 있으면 '어디 나갈 데 없나?' 생각하게 되니까요.

어머니에게 최신 유행 패션이라도 소개해야 하나요?(웃음) 젊게 꾸미는 게 좋다는 뜻은 아닙니다. 단지 '꾸며 봤자 거기서 거기'라며 자포자기하지 않는 것이 중요할 것 같네요. 외모와 뇌, 신체 건강은 언뜻 보면 상관없을 것 같지만, 많은 과학자가 그 상관관계를 진지하게 조사하고 있어요.

뇌과학자의 밑줄

1. 커뮤니케이션은 감정 인지, 언어, 공감력, 사회성 등과 관련된 뇌 영역이 총동원돼 이루어진다.

2. 사회적 교류가 활발한 일을 오래 할수록 뇌에 좋다. 일찍 은퇴한 사람보다 사회생활이 활발한 사람일수록 인지 기능과 기억력이 좋고, 사망 위험과 치매 리스크가 낮다.

3. 첫인상이 깔끔한 사람의 뇌는 대체로 젊다. 외모뿐 아니라 말투와 태도까지 가꾸도록 하자.

뇌에 좋은
식습관은 따로 있다

음식의 중요성은 앞에서도 말씀하셨는데요, 골고루 먹는 것 외에 특별히 좋은 식습관이 있나요? 음식은 뇌에 상당한 영향을 줍니다. 예를 들어 과일이나 채소의 비타민 C, E와 미네랄이 뇌에 좋습니다.[35] 현미에 포함된 감마오리자놀γ-Oryzanol도 뇌에 좋고요.[36] 레드와인이나 녹차에 포함된 폴리페놀도 좋습니다.[37] 생선의 오메가3지방산도 좋습니다.[38] 이처럼 특정 성분과 뇌 건강 관계를 조사하는 연구가 참 많습니다.

잊을 만하면 아침 건강 프로그램에 등장하는 것들이군요. 맞습니다(웃음). 이런 성분이 함유된 음식을 챙겨 먹는 건 좋습니다. 그러나 하루 권장량보다 많이 섭취했다고 해서 뇌에 미치는 영향이 더 좋다거나 하지는 않습니다. 무조건 많이 먹는다고 좋기만 한 건 아니라는 뜻이지요. 그로 인해 영양 균형

이 무너져 버리면 오히려 안 좋은 영향을 미칠 수도 있어요. 식재료 하나하나의 성분을 따지기보다는 식습관 전반을 생각하는 편이 건강에 훨씬 이롭습니다.

평범한 밥상이 좋다는 말씀이신가요? 밥과 반찬이 골고루 있는 밥상을 추천합니다.[39] 전문가들이 꼽는 좋은 식단으로는 '지중해식' 밥상이 있습니다.[40] 스페인, 이탈리아, 그리스 요리 등이 해당되지요. 지중해 음식은 다이어트에도 아주 좋습니다.

● **지중해 요리의 특징**

- 고기보다 어패류를 먹는다.
- 채소, 과일을 많이 먹는다.
- 폴리페놀(레드와인)을 적게 섭취한다.
- 견과류를 먹는다.
- 올리브오일을 사용한다.

말만 들어도 건강한 느낌이네요. 내가 할 수 있는 것부터 시작하면 됩니다. 지중해식보다 더 추천하는 건, 지중해식과 고혈압을 예방하는 식사 스타일을 조합한 '마인드MIND식'입니다. 치매 예방에 효과가 있는 식사법으로 미국 러시대학교 의료센터가 제창했습니다. 4년 반 동안 마인드식 식사를 한 사람은 알츠하이머형 치매 위험이 54퍼센트 감소했다는 보고가 있습니다.[41] 마인드식에서는 '적극 섭취해야 할 식품'과 '제한해야 할 식품'을 제안합니다.

● **마인드식의 특징**

적극 섭취해야 할 식품	제한해야 할 식품
• 통곡물(1일 3회)	• 닭고기 외의 육류(주 4일 이하)
• 그린 샐러드(1일 1회)	• 버터(하루 1큰술 미만)
• 와인(1일 1잔)	• 치즈(1주 1회 이하)
• 견과류(거의 매일)	• 튀김(1주 1회 이하)
• 콩류(격일)	• 패스트푸드(1주 1회 이하)
• 닭고기(1주 2회)	
• 베리류(1주 2회)	
• 생선류(최소 1주 1회)	

이 식재료들을 어떻게 먹어야 좋을까요? 한 끼에 섭취하는 식재료는 종류가 많은 편이 좋습니다. 마인드식도 다양한 채소, 육류, 곡식을 균형 있게 섭취하는 것이 포인트이니까

요. 반대로 말하면 특정 음식만 먹는 식습관은 좋지 않습니다. 주의할 점은 건강 프로그램에서는 특정 식재료 하나만 초점을 맞춰 다루는 경우가 많다는 거죠. 방송에 나온 식재료는 다음 날 품절돼 구입하지 못한 적이 있을 겁니다. 방송을 보고 브로콜리 하나만, 코코넛 오일만 주로 먹는 사람들이 많은데 편식은 뇌에 아주 좋지 않습니다.

소식은 건강 치트키

먹는 양과도 상관이 있을까요? 한 끼에 섭취하는 종류가 많은 대신 먹는 양은 늘리지 않는 것이 중요합니다. '식사량'이 뇌에도 영향을 미치니까요. '모자란 듯 먹는 것'이 제일 좋지요. 37세의 표준체중인 사람들을 모아 섭취 칼로리를 25퍼센트 줄인 식사를 2년간 제공한 결과, 체중이 10퍼센트 줄고, 만성 염증 반응이 개선되었으며, 수면의 질이 좋아져 정서적 안정에도 효과가 있었다는 연구 결과가 있습니다.[42]

칼로리를 줄였으니 체중이 주는 것은 이해하는데, 어째서 뇌에도 좋은 건가요? 섭취 열량이 많을수록 뇌에 좋지 않나요? 비만이 되면 해마가 위축되는데, 섭취 칼로리를 억제하면 이를 예방할 수 있기 때문이지요. 그리고 우리 몸에는 '시르투인Sirtuin 유전자'가 있는데, 섭취 칼로리가 줄어 기아 상태라 느낄수록 활성화 속도가 빨라집니다.[43] 이 시르투인 유전자는 노화를 억제해서 '회춘 유전자', '장수 유전자'라는 별칭으로도 불리고 있습니다.

그런 대단한 유전자가 늘 활성화되어 있으면 좋을 텐데요. 그러게 말입니다. 왜 그렇게 반응하는지에 대해서는 아직 명확하게 밝혀진 내용이 없습니다. 그래서 뇌뿐 아니라 외모도 젊고 건강하게 보이고 싶으면 모자란 듯 먹는 것을 철칙으로 삼아야겠습니다.

칼로리 섭취를 줄이는 건, 라면에 밥 말아 먹는 걸 그만두라는 말처럼 들립니다. 어쨌든 탄수화물 섭취는 줄이는 편이 좋습니다(웃음). 쉽게 섭취 칼로리를 줄이는 식사법으로는 '마음챙김mindfulness 식사법'이 있습니다.

마음챙김이라…. 식사하면서 명상하는 건가요? 눈앞에 있는 음식에 마음을 집중하고 감사한 마음으로 한 입씩 천천

히 먹습니다. 음식 고유의 맛이나 음식을 씹는 행동에 집중하면서 차분히 먹는 방법이니까요.[44]

아, 저는 밥을 너무 빨리 먹는다고 아내한테 타박을 듣곤 해요. 음식을 빨리 먹으면 과식하기 쉽단 이야기 많이 들어보셨을 거예요. 밥을 빨리 먹으면 배가 부르다는 느낌이 천천히 들기 때문에 그렇습니다. 마음챙김 식사법이 좋은 이유는 꼭꼭 씹으면서 천천히 먹기 때문입니다. 꼭꼭 씹는 것만 의식하며 식사해도 먹는 속도를 줄이는 데 많은 도움이 될 겁니다. 그리고 밥 먹을 때 스마트폰을 만지거나 텔레비전을 보면 과식하게 된다는 보고가 있으니 참고하세요.[45]

텔레비전을 끄고, 꼭꼭 씹는다, 이것부터 해 보겠습니다. 가족과 나누는 대화는 뇌에 아주 좋으니까 '잠자코 먹기만 해!'라는 말은 절대 아닙니다.

점심을 굶었을 때 일어나는 효과

원고 마감이 임박해 시간에 쫓길 때는 종종 점심을 거르기도 합니다. 제가 경험해 보건대 그러면 무척 집중이 잘되는 것 같아요. 뇌에 그런 메커니즘이 있는 건가요? 조금 전 말씀하신 시르투인 유전자가 활성화돼서일까요? 당질을 많이 섭취하면 혈당치가 급격하게 오르고 혈당이 떨어질 때쯤 졸음이 몰려옵니다. 보통 낮 2시쯤 처지는 느낌이 드는 것도 그 때문입니다. 개운한 정신을 유지하고 싶다면 굳이 점심을 거르지 않더라도 혈당이 치솟지 않는 식사를 하는 것이 가장 좋습니다.

혈당이 중요한 거군요. 혈당이 오르지 않는 식사법을 가르쳐주세요. 식사 순서를 바꾸는 것만으로도 도움이 됩니다. 채소류부터 먼저 먹고 다른 음식은 나중에 먹는 겁니다. 또 주식인 밥이나 빵, 면을 조금 줄이고 그 대신 단백질을 넉넉하게 섭취하는 것도 아주 좋습니다. 우유, 달걀, 닭가슴살 같은 것으로 말입니다. 또한 백미가 아니라 현미, 식빵이 아니라 통밀빵, 소면이 아니라 메밀국수 등으로 대체하는 것이 좋습니다. 주식을 식이섬유가 많은 것으로 바꾸는 것이 좋다는 뜻이지요.

혈당 상승을 억제하는 요구르트 같은 것도 출시되던데, 그런 제품을 먹으면 효과가 있을까요? 있고 말고요. 그 안에든 식이섬유가 포인트예요. 식이섬유처럼 우리 몸이 소화하기 힘든 것을 섭취함으로써 당이 흡수되는 속도를 늦추는 겁니다.

일부러 흡수를 방해시키는 셈이군요. 그렇습니다. 채소를 먼저 섭취하는 것도 이치는 같습니다. 먼저 식이섬유부터 섭취하면, 당질을 뒷전으로 밀어내기 때문에 혈당이 급격히 치솟지 않습니다. 저도 혈당치 조절을 생각하면서 졸음이 완전히 사라졌습니다. 똑같은 식단이라도 먹는 순서만 바꿨을 뿐인데 수치가 전혀 다르게 나옵니다. 물론 가끔 낮잠을 자는 것은 집중력도 높아지고 기억력에도 좋은 영향을 줍니다.

반대로 제일 좋지 않은 식습관은 무엇입니까? 배고플 때 주스부터 마시는 것입니다. 주스에 포함돼 있는 당은 매우 흡수가 빨라서 혈당치가 순식간에 오르거든요.

중요한 일을 앞두고 주스를 마시면 위험하겠네요. 오렌지 100퍼센트 주스를 마시기보다는 오렌지를 먹는 것이 훨씬 낫습니다. 식이섬유가 포함돼 있어 혈당치가 천천히 오르게 되니까요.

뇌과학자의 밑줄

1. 비타민, 미네랄, 폴리페놀, 오메가3지방산 등 하나하나 성분을 따지기보다는 채소, 육류, 곡식을 균형 있게 섭취하는 것이 뇌 건강에 더 좋다.

2. 뇌를 젊고 건강하게 만드는 식사로 지중해식, 마인드식을 추천한다. 마음챙김 식사법은 음식을 씹는 행동에 집중시켜 뇌가 좋아하는 소식으로 이끈다.

3. 식사 순서를 바꾸는 것만으로도 혈당이 흡수되는 속도를 늦출 수 있다. 식이섬유가 많은 채소류 먼저, 과일 주스 대신 진짜 과일을 먹자.

잘 자면
똑똑해진다

잘 자는 게 뇌 건강에 많이 중요한가요? 앞서 잠깐 말씀 드렸다시피, 우리가 잠을 잘 때도 뇌는 일을 합니다. 기억을 정착시키고, 감정을 정리하며, 창의력이 좋아지기도 하지요. 이는 나이 고하를 막론하고 일어나는 현상입니다. 그런데 어른의 경우, 자는 동안 뇌 안의 노폐물이 씻겨나가는 중요한 일이 일어납니다.

뇌에 노폐물이 쌓여요? 나이가 들면서 우리 뇌 안에는 아밀로이드 β라는 단백질이 쌓입니다. 이게 비정상적으로 많이 축적되면 알츠하이머형 치매가 유발되지요. 그런데 우리가 잠을 자는 동안에 이 아밀로이드 β가 제거됩니다.

혈류 덕분에 제거되는 거겠죠? 그럼 운동하거나 술을 마시면 혈류가 빨라지니 아밀로이드 β가 역시 제거되나요? 물론 그 경우에도 아밀로이드 β가 흘러나오긴 하지만, 우리가 깨어 있는 동안에는 뇌의 신경세포 간격이 조밀하게 유지되기 때문에 노폐물이 흐르기 어렵습니다.

신경세포 간격이 느슨해져야 액체가 흐를 수 있게 되는 건가요? 그렇습니다. 자는 동안에는 신경세포의 부피분율이 60퍼센트 정도로 증가해 느슨해지므로 더 빠르게 유해한 노폐물이 제거된다는 연구가 있습니다.[46] 단 하루라도 충분한 수면을 취하지 않으면 노폐물을 제거하는 기능이 저하된다고 하니 충분히 자야 합니다.

그렇군요. 얼마나 자야 충분한 수면이 될까요? 수면 시간에 대해서는 여러 주장이 있습니다만 대체로 7시간 전후의 수면이 좋다는 게 정설입니다.[47] 물론 개인차가 있으니 적정 수면 시간을 측정하는 방법을 알려 드리겠습니다. 휴일에 알람을 설정하지 않고 자연스럽게 잠에서 깰 때까지 잔 다음 수면 시간을 재 보세요. 그게 자신의 적정 수면 시간이라 보면 됩니다.

결혼 전에는 휴일에 10시간도 넘게 잤어요. 그런데 요새는 하루 4~5시간쯤 자는 것 같은데요. 4~5시간 잔다면 몸에 무리가 있지 않나 싶은데요. 앞으로는 적어도 2시간 정도 잠드는 시간을 앞당겨야 뇌의 컨디션 회복에 도움이 될 겁니다.

그러면 일하는 시간이 2시간이나 줄어드는데, 그걸 상쇄할 만큼 능률이 오를까요? 저도 한때는 자는 시간이 아깝다고 생각해서 밤늦게까지 깨어 있는 편이었는데요, 연구 결과들을 접하며 그게 좋지 않다는 사실을 알고부터 못해도 7시간 수면은 지키고 있습니다. 회식이나 모임 때문에 늦는 날이 아니면 어떻게든 밤 9시~10시쯤 잠들려고 합니다.

수면 부족은 텔로미어를 단축시킨다

요즘 저는 새벽 2시쯤 자서 아침 7시에 일어납니다. 7시간을 자야 한다면 밤 12시, 8시간을 자야 한다면 11시 취침이라는 건데, 아이가 잠들어 일에 집중할 수 있는 얼마 안 되는 시간이기도 해서 고민이네요. 가능한 범위에서 시작해 보세요. '늦어도 새벽 1시에는 반드시 잔다'는 목표를 세우는 식으로요. 다만 꼭 말씀드리고 싶은 게 있습니다. 불안을 부추기고 싶은 마음은 없지만, 수면 시간이 5시간 이하의 남성은 7시간 이상 자는 남성보다 수명의 기준이라 불리는 텔로미어telomere 염색체가 평균 6퍼센트 짧아져 있다는 보고가 있습니다.[48]

텔로미어가 어떤 작용을 하길래 수명의 기준이 되는 건가요? 우리 몸을 구성하고 있는 세포는 일생 동안 여러 차례 세포 분열을 반복해서 몸을 유지합니다. 평생 어렸을 때의 속도로 세포가 반복 재생되면 늙지도 죽지도 않겠지만, 안타깝게도 세포 분열 횟수는 상한선이 있습니다. 세포가 몇 번 분열할지는 텔로미어를 보면 짐작할 수 있습니다. 텔로미어는 세포의 분열 횟수를 세는 척도 역할을 하며, 세포의 염색체 내에 들어 있습니다. 세포가 분열할 때마다 텔로미어의 길이는 짧아집니다. 텔로미어가 짧을수록 남은 세포 분열 횟수가 주는 것이죠. 스트레스를 지속적으로 많이 받거나 만성 수면 부족일 경우에도 텔로미어가 짧아집니다.

아이쿠! 가끔 농담 삼아 '수명을 깎아 먹으면서 일한다'고 했지만, 실제로 텔로미어를 깎아 먹으면서 일하는 줄은 몰랐네요. 일도 해야 하고 잠도 자야 하고 큰일이군요. 지금 아이 나이가 네 살이니, 아이가 초등학생쯤 되면 잠 자는 시간을 더 확보할 수 있을 겁니다. 아무래도 육아 부담이 줄어드니까요.

오! 그럼 아이가 조금만 크면 9시간쯤 자면서 베스트셀러 작가에 도전해 보겠습니다. 아, 그러나 너무 오래 자는 것에 대해서는 여러 의견이 있으니 참고하세요. 우선은 많이 자는 게 좋지 않다는 연구가 있습니다. 7시간 자는 사람이 치매에 걸릴 위험을 1이라 했을 때, 6시간 자는 사람은 1.36, 8시간 이상 자는 사람은 1.27이었다고 합니다.[49] 그러니까 역시 7시간 전후로 자는 게 가장 좋을지도 모르겠습니다. 한편, 최근에는 너무 많이 잔다고 꼭 치매 위험이 높아지는 건 아니라는 보고도 있습니다.[50] 해당 연구에서도 적게 자는 건 좋지 않다고 했으니 최소 수면은 꼭 지켜줘야겠지요.

수면 시간이 너무 짧아지지 않도록 조심하겠습니다. 수면의 질을 높이는 것도 아주 중요합니다. 특히 수면 시간을 확보하기 어려울 때는 수면의 질이라도 높이시기 바랍니다.

● **수면의 질을 높이는 비결**

- 잠자기 1시간 전부터 스마트폰이나 컴퓨터를 사용하지 않는다.
- 운동 등으로 신체 활동량을 늘린다. 다만 자기 직전에는 격렬한 운동을 하지 않는다.
- 햇빛을 쬔다.
- 낮잠은 최대한 짧게 자고 저녁 이후에는 쪽잠을 자지 않는다.
- 자기 전에 미지근한 물로 목욕한다.
- 자기 전에 따뜻한 음료를 마신다.
- 침실은 조용하고 어둡게 유지하고 적절한 온도를 맞춘다.
- 잠이 오지 않을 때는 무리하게 자려고 애쓰지 않는다.

여러 가지가 있네요. 그중에서도 자기 전 침대에 누워서 스마트폰 하는 건 루틴이나 마찬가진데 그것부터 중단해야겠어요. 청소년, 성인 모두 자기 직전까지 SNS를 보곤 하는데, 그게 의외로 뇌에 더 안 좋습니다.

스마트폰에서 나오는 블루라이트 때문인가요? 물리적인 문제뿐 아니라 심리적으로도 문제가 있습니다. SNS에 매달리는 사람은 평소 외따로 남겨지는 데 대한 공포Fear of Missing Out, FOMO를 느끼고 있는 경우가 많고, SNS가 불안의 요인이 됩니다.[51] 자기 직전까지 SNS를 보고 있으면 온 신경이 거기에 미치게 되어 쉽게 잠을 이루기가 더 어려워지지요.

이미 의존증에 가깝군요. 그런데 불안하니까 더욱 SNS에 접속하는 걸 참기 힘들 것 같아요. 그렇기 때문에 습관의 힘으로 끊어낼 수밖에 없습니다. 잠자기 1시간 전부터는 SNS를 하지 않는다고 정해놓고 독서 시간으로 만들거나 하는 것이 좋습니다. 그 시간에 운동은 하지 않고요. 대신 운동은 낮에 하셔야 합니다.

역시 또 운동이군요. 운동하는 것만으로 수면의 질이 좋아지고 뇌가 회복되는 선순환 구조를 만들어낼 수 있습니다. 편집자 T 씨도 운동을 시작하고 메일을 보내왔습니다.

●/ 편집자 T

시작은 코로나로 인한 재택근무였습니다. 활동량이 줄어서인지 잠을 평소처럼 충분히 자도 개운하지 않아서 교수님이 가르쳐 준 두 가지를 해보았습니다. 첫째는 자기 전에 태블릿으로 동영상을 보던 습관을 버린 것입니다. 효과가 있어서 구독 서비스를 아예 해지했습니다. 또 하나는 오전에 5분간 줄넘기를 했습니다. 오래 걸리는 게 아닌데도 잠을 푹 잘 수 있게 되었습니다.

뇌과학자의 밑줄

1. 잠을 자는 동안 뇌는 기억을 정착시키고 감정을 정리하며, 알츠하이머형 치매를 유발하는 등의 유해한 노폐물을 제거한다.

2. 수면 시간이 부족하면 텔로미어 염색체가 짧아져 세포 분열 횟수가 준다. 수면 시간이 과해도 좋지 않다. 적당한 수면 시간은 7시간 전후이나 개인차가 있으니 자신의 적정 수면 시간을 체크해 보자.

3. 육아로 적정 수면 시간을 확보하기 어렵다면 수면의 질을 높여야 한다. 낮에 운동하고 자기 전에 스마트폰을 쓰지 않는 등 올바른 생활 습관을 갖는다.

행복한 사람이
성공할 확률

**행복이야말로 막연하게 느껴집니다. 행복과 똑똑한 뇌가
무슨 상관인가요?** 스스로 '나는 행복하다'고 느끼는 것을 '주
관적 행복감'이라고 합니다. 행복감에 관한 연구는 세계 곳곳
에서 폭넓게 이뤄지고 있고, 행복하다고 느끼는 것만으로도 뇌
에 좋은 영향을 미치는 것으로 알려져 있습니다. 심지어 수명
과도 관련이 있습니다. '나는 행복해'라고 느끼는 사람은 '나는
불행해'라고 느끼는 사람보다 약 14퍼센트나 오래 사는 것으
로 추정됩니다.[52] 선진국의 평균 수명에 적용하면 7.5년에서 10년
은 더 오래 산다는 의미지요.

수명이 10년이나 차이가 난다고요? 네. 아이가 건강하게
오래 살길 바란다면 스스로 행복하다고 느끼는 방법을 알려줘
야 합니다. 행복은 주관적이기는 하지만, 스스로 행복하다고

느끼는 사람들의 공통점은 있습니다. 자기가 좋아하는 일을 마음껏 즐기면서 하는 사람, 사교성이 좋아 사회적 교류가 활발한 사람입니다.[53] 자원봉사를 자주 하는지도 행복한 사람의 척도가 되기도 합니다.[54]

자원봉사도 행복을 느끼는 데 도움이 되는군요. 저희 어머니가 지역 봉사활동을 오래 하고 계시거든요. 나이가 들수록 봉사활동이 아주 좋습니다. 사회와의 연결이 지속되고, 커뮤니케이션 기회도 늘어나는 데다가 타인을 위해서 하는 일이니 다소 힘들 때도 있겠지만 행복감도 높아질 겁니다.

행복이 주는 다른 효과도 있나요? 그 밖에 주관적 행복도가 사회적 성공의 요인으로 작용한다는 주장도 있습니다.[55] 행복하다고 느끼는 사람이 사회적으로 성공할 확률도 높다는 의미입니다.

그야 성공했으니까 행복하다고 느끼는 거 아닌가요. 물론 그 경우도 있겠지만, 그 반대의 경우도 있을 수 있다는 뜻입니다.

행복한 사람은 긍정적 사고방식을 갖고 있으니 쉽게 성공할 수 있다는 말씀인가요. 마치 할리우드 영화에서 자주 나오는 성공 스토리처럼요. '머리부터 발끝까지 긍정적 사고방식으로 똘똘 뭉친 사람만이 성공한다'고 말하는 건 아닙니다. 일례로 '나만 행복하면 그만'이라며 자기 이익만 추구하는 사람은 주위에 사람이 남지 않게 되어 결과적으로 고독해질 가능성이 높다고 합니다.[56] 그러니 만약 성공하기 위해 행복감을 높이고 싶다면, 내 이익만 생각하기보다는 자원봉사나 사회공헌 등에 관심을 기울이는 것이 지속적으로 더 좋은 선택일 겁니다.

불안이 많은 아이라면

긍정적으로 사고하는 사람이 더 자주 행복감을 느끼겠죠? 부정적인 성격이라도 장점은 있습니다. 그러니까 걱정이 많거나 불안을 자주 느끼고, 자신감이 낮다고 해서 무리하게 힘을 내거나 긍정적인 사고를 강요할 필요는 없다고 생각합니다.

저희 딸이 조금 부정적으로 생각하는 경향이 있어 보여요. 어떤 장점이 있을까요? 어렸을 때 불안도가 높은 사람은 어른이 되었을 때 치명적인 사고를 일으키는 경우가 적다는 데이터가 있습니다.[57] 원래 불안이라는 감정은 방어 본능이거든요. 자신을 지키기 위해 본능적으로 생겨나는 감정이지요. 제 아이도 엄청난 겁쟁이예요.

예전에 어떤 벤처 투자가를 만나서 이야기를 나누다가, 어떤 사람이 기업가로 성공하는지 물어본 적 있습니다. '걱정 많은 사람'이라고 답하더라고요. '세세한 곳까지 꼼꼼히 점검하고, 사고를 사전에 아주 능숙하게 방지한다'면서요. 저도 어린 시절에는 걱정이 참 많은 성격이었습니다. '다음 주 시험 잘 볼 수 있을까?', '뭐 까먹은 건 없을까?' 같은 생각으로 늘 불안해했어요. 그러다 보니 더 많이 챙기게 되고 실수도 덜 하게 되더군요. 어떤 연구에서는 쉽게 불안해지는 사람일수록 다른 사람의 마음을 민감하게 감지할 수 있다고 합니다. 그만큼 공감 능력이 뛰어나다는 뜻이겠지요.[58]

저희 아이, 요즘 유치원 발표회 연습을 할 때마다 우느라 정신을 못 차린다고 하라고요. 자기가 졸업하는 것도 아니면서요(웃음). 공감성이 아주 높은 아이인 것은 분명합니다.

사소한 일에도 놀랄 때가 잦아서 좀 걱정되기는 해요. 조심스러운 성격이나 대범한 성격 모두 신이 내려준 재능이지 부정하거나 바꿔줄 것이 아닙니다. 돌다리를 두드리는 성격도 개성이고, 앞뒤 안 가리고 일단 달려드는 성격도 개성이니까요. '그게 바로 너의 특징이고 장점이란다'라고 말해주세요, '너는 겁쟁이야!'라는 평가를 자주 받으면, 그 아이는 '나는 참 한심해'라고 생각하면서 자신감도, 자존감도 낮아질 수 있거든요.

반응할 때도 조심해야겠군요. 그리고 세상에 대해 늘 불평불만을 표하는 사람도 있지요. 하지만 분노라는 게 꼭 나쁜 감정이라고 단언할 수는 없습니다.[59] 불공정한 일을 목격했을 때 그냥 넘기지 않고 행동하는 원동력을 가진 사람이니까요. 누군가가 바보 취급을 한다면, 그 역시 그냥 넘기지 않을 힘이 있을 겁니다.

불안이나 분노가 꼭 나쁜 것만은 아니라는 말씀이군요. 불안과 분노는 스트레스 요인이 될 수 있으니, 없으면 없는 대로도 좋습니다. 다만 그런 감정이 든다 해도 비관하지는 말고

'내 본연의 모습'으로 받아들이는 게 중요하지요. 아이는 아직 그런 판단이 서투니까 부모는 아이가 본인의 성격 특성으로 느낄 수 있도록 도와주어야 합니다.

그러면 불안이나 분노를 쉽게 느끼는 사람은 행복감을 어떻게 높이면 좋을까요? 아니지, 무리하게 행복감을 느낄 필요가 없나요? 감정 변화의 폭이 클수록 일상생활에서 느끼는 행복도나 만족도가 낮고 분노와 불만은 커진다는 보고가 있습니다.[60] 어떤 성격이든 자기감정을 조절하는 능력이 행복감을 지속할 수 있도록 할 겁니다. 감정을 조절하기 위해서는 내가 어떤 상황에서 어떻게 반응하는지 미리 이해할 필요가 있습니다.

내 반응을 미리 이해한다는 게 어떤 의미인가요? 걱정이 많은 사람이 새로운 일을 앞두고 '나는 소심해서 안 돼'라고 생각한다면 자기긍정감은 당연히 낮아지겠지요. 그러나 자기가 미리 걱정하는 성격이라는 걸 알고 있다면 '지금 걱정이 되기는 하지만, 막상 뛰어들면 괜찮을 테니 그냥 시도해 보자'라고 스스로를 다독일 수 있습니다. 평소 쉽게 분노를 표출하는 사람이 '아 너무 화가 나지만, 여기서 폭발하면 앞으로 일하기 힘들어져' 하면서 마음을 누그러뜨릴 수 있게 되는 거죠.

감정을 조절할 수 있으면 걱정 많은 성격이든 쉽게 분노하는 성격이든 행복할 수 있다는 말씀이군요. 감정을 조절한다는 건 결국 자신을 객관적으로 바라보는 상태를 말하는 것 같네요. 자신을 객관적으로 바라보는 것을 '메타인지meta cognition'라고 합니다. 누구든 메타인지를 훈련하면 행복을 붙잡는 열쇠를 갖게 되는 셈입니다.

행복감을 높여주는 법

사실 어른조차 자기 자신을 객관적으로 보는 게 쉽지 않잖아요. 스스로 불행하다고 생각하는 아이가 행복감을 가지기 어려울 것 같아요. 옳은 말씀입니다. 메타인지 외에 행복감을 높이는 방법이 또 있습니다. '회상법'과 '마음챙김'입니다.

과거를 돌아보는 회상 말이에요? 네. 맞습니다. 어렸을 때 살던 집을 떠올리거나, 옛날 사진첩을 보거나, 한때 좋아하던 음악을 다시 듣거나, 과거 추억을 이야기하는 등 과거의 기억을 되살리는 것입니다. 예전에 타던 자동차를 다시 타는 분도 있지요. 행복했던 기억을 되살리거나 사회적 연관성을 부각시켜서 인생의 충족감을 높이는 방법이라고 할 수 있습니다.[61] 이 경우 뇌 안에서는 기억을 관장하는 해마와 대뇌보상회로 brain reward system 중 하나인 중뇌 흑질, 배쪽 피개부 등이 활성화되어 도파민 생성이 촉진됩니다.[62]

그렇군요. 하지만 한창 바쁠 때 사진첩을 뒤적이거나 추억의 장소에 다시 가는 건 시간 낭비라 생각돼서 꾹 참았던 것도 같아요. 네, 그럴 수 있죠. 추억에 빠져드는 걸 현실 도피처럼 생각해서 일부러 안 하려고 애쓰는 분도 있는 것으로 압니다. 그러나 뇌는 그렇게 생각하지 않습니다. 회상을 할 때 사용하는 뇌 영역과 미래 계획을 세울 때 사용하는 뇌 영역은 동일합니다.[63] 다시 말하면 과거를 회상함으로써 미래 전략을 세우는 뇌가 활성화되는 셈이죠.

소극적인 퇴행에 가깝다 생각했는데 반대로 적극적이고 진취적인 활동이 이뤄진다는 건가요? 그렇습니다. 과거가 있으니 현재가 있고, 현재가 있으니까 미래가 있다고 생각할 수 있는 뇌로 바뀌어야만 합니다.

갑자기 과거를 곁에 두려니 어렵게 느껴집니다. 아이의 기억에도 없는 과거를 억지로 끌어내줄 필요는 없습니다. 예전에 좋아하던 작은 인형 등 장난감, 어렸을 때 친구와 찍은 사진처럼 아주 작은 거라도 눈길이 닿는 곳에 두세요. 그리운 공간을 곁에 만들어 두는 것만으로도 효과가 있습니다.

아이에게 스마트폰에 있는 과거 사진을 성장 기록처럼 자주 보여주곤 합니다. 육아서에 '자기 긍정감을 높여주는 법'이라고 적혀 있어서요. 그게 아이한테도, 어른한테도 좋다는 건가요? 그렇습니다. 회상은 우리 뇌 상태를 정돈한다는 의미에서 매우 중요한 일입니다. 현대인은 늘 바빠 지내지 않습니까? 스트레스도 가득 안고 있고요. 그런 상태를 쭉 유지하기보다는 일상 중에 아주 잠깐이라도 과거를 떠올리는 시간을 갖고 행복감을 충족시킨 채로 일하는 편이 성과를 올리는 데도 아주 도움이 됩니다.

뇌를 위해 멍 때려라

두 번째는 마음챙김인가요? 회상이 과거를 떠올리는 것

이라면, 마음챙김은 '지금, 여기'에 집중하는 것입니다. 명상과
도 비슷한데, 둘 다 뇌 기능에 긍정적인 영향을 주고, 치매 위
험을 낮춘다는 보고가 있습니다.

**왠지 명상이라 하니 갑자기 과학에서 벗어난 이야기처럼
느껴지는데요?** 설마요(웃음). 과학적 증거로 충분히 뒷받침되
는 이야기들입니다. 복잡할 거 없이 그저 멍하게 있는 것도 좋
습니다.

그거면 된다고요? 일과 중 짧게나마 시간을 확보해 멍하
니 있는 것도 뇌를 위해서 정말 필요한 일입니다.

**멍한 상태로 있는 건 뇌가 별다른 활동을 하지 않는다는
거 아닌가요?** 그렇게 생각하기 쉽지만, 멍 때리는 동안에는,
즉 특정한 업무를 수행하고 있지 않을 때는 뇌 안의 '디폴트
모드 네트워크Default Mode Network'가 활성화됩니다. 이는 창의력
이나 기억의 상기, 미래의 상상, 다른 사람의 마음을 이해할 때
활동하는 네트워크입니다. 뇌를 정돈하고 재정렬하는 작업이
라고나 할까요.[64] 뇌에 있어서는 아주 중요한 시간인 셈입니다.

가만히 있어도 생산적인 활동을 하고 있는 셈이네요? 명상을 장기적으로 하면 주의력을 관장하는 전두전야와 감각 처리를 관장하는 우전부 도피질 영역의 부피가 증가한다는 보고도 있습니다.[65] 멍하게 있음으로써 뇌가 발달합니다.

아이가 멍 때리고 있으면 잠시 두어도 좋겠네요. 네, 좋은 능력입니다. 마음챙김이나 명상을 하면 좋은 점이 한 가지 더 있습니다. 스트레스가 줄어듭니다. 명상을 일상화한 기간이 길수록 스트레스 상황에서 편도체가 과잉 활동을 하지 않는다는 데이터가 있습니다.[66] 스트레스를 이겨내는 힘이 생겨서 쉽게 감정이 오르내리지 않는다는 뜻이지요. 그 외에도 마음챙김은 반추사고 억제와 불안 감소에도 효과가 있다고 합니다. 그 결과 타인에 대한 공감력이 커지고 자기에 대한 배려심도 커진다고 하더군요.[67]

반추사고란 어떤 일을 끊임없이 상기하는 것을 말하는 거죠? 가끔 그럴 때가 있습니다. '왜 아까 그런 쓸데없는 말을 했지'라거나 '지금 자면 마감 시간을 맞출 수 있을까'처럼 딱히 해답도 없는데 생각을 멈추지 못하는 경우가 있어요. 이불을 뒤집어쓴 채 같은 생각을 반복하면서 잠 못 이룬 적도 있었습니다. 누구나 그런 경험이 있을 겁니다. 잠을 못 이룰 때나 마음이 가라앉을 때 마음챙김이 아주 효과가 있습니다. 저도 매일 자기 전 5분은 마음챙김을 하고 있습니다. 그날 아무리 안 좋은 일이 있었더라도, 마음이 안정되면 수면의 질이 달라지거든요.

아, 자기 전에 습관처럼 하면 되는군요. 그런데 마음을 비운다는 건 어떻게 하는 건가요? '지금부터 마음을 비워야지'라고 생각한다 해서 당장 머릿속이 텅 비는 건 아니지요. 지금 자신의 몸 상태로 의식이 향하도록 하는 과정이 필요합니다. 그다지 어렵지 않아요. 내 몸의 현재 상태에 집중해 보는 거예요. '지금, 공기가 코를 통과하고 있어', '팔이 시트에 닿아 있어' 하는 식으로, 몸을 객관적으로 관찰하는 느낌으로 시작하세요. 내 현재 상태를 있는 그대로 느끼면 됩니다.

거기서 한발 더 나아가 '시트를 세탁할 때가 되었군. 내일은 이불 빨래 하기에 적합하려나?' 하면서 스마트폰으로 일기예보 앱을 켜는 사람이 바로 저랍니다. 이러면 안 되는 거겠죠(웃음). 당연하지요(웃음). 평소에 감정 조절이 잘 안 되는 사람이나, 과도한 스트레스로 괴로운 사람은 운동하고 명상하

고 충분히 잠을 자면 스트레스 수준을 상당히 낮출 수 있고 뇌
기능이 확연히 좋아질 겁니다.

뇌과학자의 밑줄

1. 주관적 행복감이 큰 사람들은 취미와 호기심, 커뮤니케이션이 활발하다는 공통점이 있다.

2. 감정 변화의 폭이 클수록 행복도가 낮고 불만이 커지므로 자기감정을 조절하는 능력이 필요하다. 메타인지, 회상법, 마음챙김으로 뇌를 정돈하고 자기 자신을 객관적으로 보는 연습을 해보자.

3. 자기 자신을 판단하는 데 서툰 아이를 위해, 부모는 아이가 본인의 성격 특성을 받아들이고 이를 긍정적으로 활용할 수 있도록 도와야 한다. "그게 바로 너의 특징이고 장점이란다."라고 아이에게 말해주자. 그리고 아이의 어떤 성격도 부정하거나 바꿔줄 것이 아니라는 점을 명심하자.

똑똑한 뇌를 위해 멀리해야 할 습관

지금까지는 뇌에 좋은 것을 살펴보았는데, 이번에는 뇌에 안 좋은 것이 주제군요. 그렇습니다. 뇌에 좋은 습관이 있으면 그 반대도 있겠죠? 이제 뇌에 안 좋은 습관들을 간단히 설명해 드리겠습니다.

좋지 않은 예감밖에 안 드네요(웃음). 아이보다 어른에 더 국한되는 이야기긴 하나, 우선 술입니다. 술은 적당히 마시는 건 상관없어도 과음은 정말 좋지 않습니다. 다음 그래프의 가로축은 평생 마시는 술의 양, 세로축은 국소회백질, 즉 뇌의 밀도라 생각하시면 됩니다. 보시다시피 이렇게 내리막길로 치닫는 겁니다.[68]

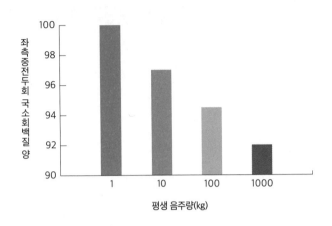

1kg: 반년에 약 캔맥주 하나(350ml)   10kg: 보름에 약 캔맥주 하나(350ml)
100kg: 격일로 약 캔맥주 하나(350ml)   1000kg: 매일 2L 이상

완벽한 우하향 그래프로군요. 눈금을 자세히 보면 엄청난 차이를 보이는 것은 물론 아닙니다. 또 음주가 스트레스를 낮춰주는 경우도 있으므로 무조건 안 좋다고 말하지는 않겠습니다. 하지만 적어도 '마시면 마실수록 뇌가 위축될 가능성이 있다'는 사실만큼은 알고 있었으면 합니다. 그 다음은 담배입니다.

가장 겁나던 단어로군요. 저는 흡연자입니다만 담배는

저한테는 최고의 안정제라고요. 집중도 도와주고요. 아, 알겠습니다(웃음). 다만 흡연 시 폐 기능이 저하되면서 소뇌 등에서 뇌 위축이 일어날 가능성이 있다는 건 기억하세요.[69] 흡연은 치매 위험성을 1.6배나 높인다는 보고도 있습니다.[70]

으윽. 알겠습니다. 다음은 여러 차례 말했던 비만입니다. 살이 찐 사람일수록 사고력을 관장하는 뇌 전두전야와 해마가 위축되는 경향을 보입니다.[71] 또 비만에 의해 치매 리스크가 1.6배나 높아지는 것도 널리 알려진 사실입니다.[72]

살이 쪄서 좋은 건 하나도 없는 모양이네요. 술, 담배, 비만의 공통점은 '동맥 경화의 원인이 된다'는 겁니다. 혈관 벽이 자꾸자꾸 굳어지는 현상인데, 이 역시 뇌를 위축시키는 요인으로 알려져 있습니다.[73] 또 제2형 당뇨병도 혈액 중에 당이 증가해 혈관을 자꾸 손상시키기 때문에 동맥경화를 일으키기 쉽습니다. 제2형 당뇨병 역시 알츠하이머형 치매의 위험 요인으로 알려져 있고요.[74]

가능한 것부터 조금씩

저는 운동 부족에 수면 부족, 담배도 많이 피우니까 치매는 따놓은 당상인가요. 아니, 절대로 그렇지 않습니다. 지금껏 운동, 취미 활동, 커뮤니케이션 등 뇌에 좋은 다양한 활동을 소개해드렸는데요, 오늘부터 뭐라도 시작한다면 더 좋아질 일만 남은 거죠. 하고자 하면 안 될 일이 없고요, 지금 할 수 있는 일이 떠올랐다면 당장 시작하시면 됩니다.

불가능은 없다고 생각하라는 말씀이군요. 맞아요. 100을 전부 다 하려고 들면 할 수 없을 것처럼 느껴져도 10이라면 가능하지 않겠어요? 몇 가지만 조합해서 시작해 보세요. 예를 들어 흡연량 조금 줄이기, 어린이집에 갈 때 아이와 함께 걷기, 식사할 때 채소류부터 중점적으로 먹기, 잠 1시간 더 자기, 어렸을 때 사진을 컴퓨터 옆에 두기처럼요.

그런 식이라면 가능할 것 같아요. 그게 차곡차곡 쌓이면 분명히 효과가 날 겁니다.

뇌과학자의 밑줄

1. 음주, 흡연, 비만 등 뇌에 안 좋은 습관은 되도록 빨리 버리자.

....

2. 똑똑한 뇌를 만드는 데 불가능은 없다. '운동', '취미와 호기심', '커뮤니케이션', '식사', '수면', '행복감'을 기억하자. 어린이집에 갈 때 아이와 함께 걷기, 식사할 때 채소류부터 먹기, 잠 1시간 더 자기, 어렸을 때 사진을 보며 아이와 대화하기 등 가능한 것부터 조금씩 시작하면 된다.

....

아이와 함께 만드는
최적의 공부 뇌

작심삼일 전략을
활용하라

교수님과 대화를 나누기 전에는 뇌를 통제할 수 없다고
만 생각했는데 여기까지 설명을 듣고 나니 마음먹기에 따라
머리를 좋게 할 수 있다는 게 실감 나네요. 아이 뇌를 똑똑하
게 만드는 방법과 성인 뇌 기능을 향상시키는 방법이 거의 동
일하다는 걸 아셨을 거예요.

다만 대부분의 방법이 이벤트성으로 한두 번에 끝나는 게
아니라 습관화해 계속하는 것이 조건이더라고요. 그렇습니다.
일주일에 하루 2시간씩 운동하는 것보다는 날마다 10분, 20분
씩이라도 꾸준히 하는 편이 뇌에 미치는 영향은 클 겁니다.

그런데 바로 그 부분이 문제입니다. 뭔가 새로운 습관을
몸에 익힌다는 게 결코 쉬운 일이 아니지 않습니까? 어른도

습관을 들이기 어려운데 아이가 습관을 들이게끔 가르친다는 건 더욱더 어렵게 느껴져요. 이해합니다. 습관을 만드는 건 본래 어려운 일입니다. 운동을 좋아하는 사람은 꾸준히 운동하는 게 그리 어렵지 않겠지만 그렇지 않은 사람에게는 상당한 노력이 필요한 일이죠. 운동뿐 아니라 영어 공부나 피아노 연습 같은 일도 자신에게 새로운 일인 이상 습관화하기가 쉽지 않습니다. 그러니 계속하지 못하고 작심삼일로 끝났다고 해서 너무 자신을 탓하진 마세요.

행동의 절반은 습관으로 이뤄진다

습관을 만드는 데 보통 시간이 얼마나 걸리나요? 어떤 행동을 습관화하는 데 평균 66일은 걸린다는 연구가 있습니다.[1] 2개월이 넘는 기간이죠. 게다가 평균이 66일이라고는 해도 사람마다 달라서 실제로 18일부터 254일까지 개인차가 매우 큰 편이었다고 합니다. 그러니 뭔가를 새로 시작했다면 습관화하는 데 두 달에서 반년 정도 걸린다고 생각하는 편이 좋겠죠.

왜 새로운 습관을 들이는 데 그렇게 긴 시간이 필요할까요? 우리 행동 가운데 45퍼센트는 이미 습관으로 이뤄져 있다는 연구가 있습니다. 거의 절반 정도가 무의식적으로 이뤄지는 습관 같은 행동이라는 거죠.[2]

분명 아침에 일어나서 하는 행동 몇 가지는 늘 무의식중에 하는 것 같아요. 그렇죠. 잠이 덜 깨 의식이 또렷하지는 않더라도 분명 습관적으로 하는 행동은 있거든요. 뇌의 에너지 소비를 줄이기 위해 인간에게 내재해 있는 본능 같은 겁니다.

무의식적인 행동까지 바꿔야 하니 쉬운 일은 아니겠네요. 무의식적인 행동은 뇌 안에서 에너지를 덜 소비하고도 할 수 있습니다. 그러나 새로운 습관을 몸에 익히기 위해서는 평상시 사용하지 않던 네트워크도 사용해야만 해요. 그게 뇌로서는 아주 '불편한 일'입니다. 뇌는 현 상태를 그대로 유지하려는 '현상 유지 편향status quo bias'이라는 경향을 보여서 새로운 일을 시작하는 것을 반사적으로 피하려고 하거든요.[3]

하기 싫을 때는 작심삼일 작전

사실 저는 무조건 도망치고 보는 버릇이 있습니다. 어떻게든 구실을 만들어 새로운 일을 시작하길 피한다고나 할까요. 이것도 현상 유지 편향이 강해서 그런 걸까요? 그렇습니다. 평소 운동을 하지 않던 사람이 갑자기 근력 운동을 날마다 해야 한다면 '오늘은 그냥 건너뛸까' 하고 생각하는 게 오히려 자연스러운 일이죠. 자기조절력이 있는 사람이라면 그 생각조차 뛰어넘을 수 있겠지만요. 그러니 작심삼일에 빠지는 게 당연합니다.

그나마 안심이네요(웃음). 보통 사람들은 대부분 어떤 일이 작심삼일로 끝나버리면 '성과가 나오기도 전에 그만두다니 아깝군' 하면서 반성합니다. 하지만 작심삼일이라는 것도 어쨌든 뭔가 새로운 것을 체험해 봤다는 뜻이잖아요.

매년 새해가 되면 영어 회화 학원이나 헬스장을 등록해 놓고 며칠 만에 그만두는 사람이 그렇게 많다죠(웃음). 그렇습니다. 하지만 그 3일로 인해 뇌는 영어 회화 수업 분위기라든지 헬스장에서 덤벨을 들어 올릴 때 감각이 어땠는지 같은 정보를 기억합니다. 이전까지만 해도 미지의 세계였던 것이 구체적인 경험으로 남는 것, 이것만으로도 수확이라 할 수 있습니다. 몇 년이 지나고 나서 '다시 영어 회화나 해볼까' 생각했을 때 최초의 심리적 장애물이 낮아질 테니까요.

그렇다면 작심삼일로 끝나더라도 자꾸자꾸 뭔가 시도하는 게 좋겠네요. 물론입니다.

뇌과학자의 밑줄

1. 하루아침에 똑똑해질 수 없다. 똑똑한 뇌를 만드는 데는 꾸준한 노력이 필요하다는 것을 기억하자.

2. 습관을 만드는 데 필요한 시간은 평균 66일이다. 새로운 것을 받아들이기보다 현 상태를 그대로 유지하려는 뇌의 '현상 유지 편향' 때문에 더더욱 작심삼일에 빠지기 쉽다. 작심삼일로 끝났다고 해서 자신을 탓하지 말자.

3. 단 3일이라도 뇌는 그 감각을 기억한다. 새로운 습관이 무의식적인 행동이 될 때까지 포기하지 말고 계속해 보자.

습관을 몸에 익히는
스몰 스텝법

'작심삼일이라도 좋다'는 말뜻, 잘 이해했습니다. 제 마음도 아주 편해지고 아이에게도 가능한 한 이것저것 도전하게 해야겠다는 생각이 드네요. 그런데 한편으론 '어떻게든 이 습관만큼은 몸에 익히고 싶다'고 생각하는 경우도 있지 않습니까? 날마다 축구 연습을 하는 습관을 들이고 싶은 아이인데 게으름 피우는 버릇이 도져서 실천하지 못하는 경우도 분명 있겠죠. 좀 더 축구를 잘하고 싶다고 생각하면서도 이 핑계 저 핑계 늘어놓으며 피해 갈 수도 있고요.

그럴 때 용돈을 주면서 동기부여를 하는 건 별로 좋지 않은 방법인가요? 꼭 나쁘다고만 할 수는 없습니다. 적어도 최초의 계기를 만드는 데는 효과적이거든요. 아까도 말씀드렸듯이 습관을 들인다는 게 쉬운 일은 아니니 가능한 방법이라면 뭐든 써보는 게 좋습니다.

그런데 만약 용돈을 받는 게 습관이 돼 나중에 용돈을 주지 않으면 그만두는 건 아닌지 걱정스럽기도 합니다. '학원에 잘 다니면 과자를 사줄게' 해서 열심히 다녔는데 과자를 사주지 않았더니 학원을 안 갔다는 아이 이야기를 들은 적도 있어요. 그런 경우라면 스몰 스텝법을 권합니다.

공부 감각을 키우는 스몰 스텝법

스몰 스텝법이 뭔가요? 뇌 구조를 감안할 때 더없이 합리적인 방법이죠. 간단히 말하면 처음 내딛는 스텝을 최대한 작게 해 무조건 할 수 있는 범위에서 시작하는 겁니다. 예를 들어 조깅을 습관화하고 싶으면 현관에서 운동화 신기를 첫 스텝으로 하는 겁니다.

운동화 신기요? 진심이세요? 진심입니다(웃음). 만약 주 2회 조깅을 습관화하고 싶으면 일주일 중 무슨 요일, 몇 시에 하겠다 정도만 정해놓고 정해진 시간이 되면 운동화만 신으세요. 그리고 그 자리에서 몇 발자국 떼면 거기서 끝내세요. 이걸 몇 주간 반복합니다.

운동화만 신는다고 운동이 될 리가 없잖아요? 상관없습니다. 운동하기 위해 운동화를 신은 게 아니니까요. '하던 일을 멈추고 운동화를 신는다'는 동작에 뇌가 익숙해지게 하려는 거죠.

아, 이제 이해가 됩니다. 최대한 작은 스텝으로 나누는 게 좋은 이유는 스텝이 작을수록 거절 반응이 일어나기 힘들기 때문입니다. 뇌에서 스트레스 반응이 일어나지 않는다는 뜻이죠. 반대로 말하면 스트레스를 느낄 정도의 스텝이라면 너무 큰 스텝이니 절대로 삼가야 합니다.

뇌를 기만하는 셈이군요. 그렇습니다. 이 방법은 어떤 일에나 사용할 수 있어요. 피아노라면 정해진 시간에 피아노 앞에 앉아 뚜껑을 열기만 하면 되고, 드럼이라면 한 번 두드리기만 하면 되고, 또 영어라면 교재를 몇 장 넘기고 끝마쳐도 되죠.

그렇다면 저도 할 수 있을 것 같네요. 당연히 할 수 있고 말고요. 몇 번이나 강조하지만 '그까짓 거 무조건 할 수 있지' 하는 것을 정해놓고 그걸 계속하면 됩니다. 나중에 돌아봤을 때 운동화를 신는 것이 당연한 감각인 듯 몸에 배어 있음을 알게 될 거예요.

그러고 나면 어떤 변화가 생깁니까? '아, 달리고 싶다' 하고 생각하게 되죠(웃음). '운동화를 신었는데 왜 달리지 않는 거지?' 하면서요.

정말 그렇게 될진 모르겠지만 재미는 있네요(웃음). 그렇죠(웃음). 그런데 이때도 무리해서 먼 거리를 달리면 안 됩니다. 그러다 힘들다는 생각이 들면 현상 유지 편향이 작용해 습관이 들기도 전에 그만두게 되거든요. 그러니까 그다음으로 해야 하는 일은 집 주변을 한 바퀴 돌거나 근처 편의점까지 다녀오는 정도입니다. 어쨌든 거리를 짧게 잡는 것이 중요해요. 운동 부족인 사람이 갑자기 5킬로미터씩 달리면 다음 날 근육통이 생기고 그게 트라우마가 돼서 운동과는 더욱 담을 쌓을 수도 있어요.

교수님도 스몰 스텝법을 사용하시나요? 물론이죠. 사실

저는 오래전부터 주 2회 가족과 함께 조깅을 하고 있습니다. 아이에게 운동 습관을 들여야겠다고 생각했기 때문이죠. 저 같은 경우는 평소에도 근력 운동이나 줄넘기를 하고 있어서 달리기를 추가한다 해도 문제될 게 없지만 아이는 다르거든요. 갑자기 먼 거리를 달리라고 하면 당연히 싫어하죠. 그래서 맨 처음엔 동네를 한 블록 달리는 데서 시작했습니다. 저녁 식사 후에요. 그리고 반년 정도 지나 거리를 좀 늘렸습니다. 지금은 2킬로미터 정도 달리고 있어요. 초등학생이니까 2킬로미터라도 충분한 운동이 되죠.

2킬로미터라니 굉장하네요. 뭔가를 새롭게 시작할 때는 무리하게 몰아붙이지 않는 게 좋습니다. 스스로 즐길 수 있는 범위에서 하는 게 가장 이상적이에요.

그런데 교수님은 날마다 체육관에 가서 근력 운동을 하십니까? 아니요, 그렇게는 시간을 확보하기가 어렵더라고요. 그래서 직장과 집에 요가 매트를 놓고 여유가 생길 때마다 근력 운동을 합니다. 윗몸일으키기, 팔굽혀펴기, 윗몸 앞으로 굽히기를 각각 20회씩 해요. 이 정도는 3분이면 끝나기 때문에 대학에서 업무를 보는 사이사이에도 할 수 있거든요. 이걸 하루에 10번씩 반복합니다.

20회씩이라면 저도 할 수 있을 것 같은데요. 아, 이것도 스몰 스텝법인가요? 그런데 하루에 10번씩 반복한다면 하루에 200회를 하시는 거네요! 그렇습니다. 20회씩 한 번만 해도 기분 전환이 되죠. 스몰 스텝법은 과제나 공부를 할 때도 효과를 발휘합니다. 학생을 대상으로 한 연구 결과에 따르면 올바른 목표를 정해놓되 그것을 작은 목표로 나눠서 실천하는 편이 최종 목표를 달성하는 데 더 효과적이라고 합니다.[4]

저도 원고를 쓸 때 '1개월에 10만 글자를 써야 하는군' 하고 생각하면 마음이 무거워져서 밤에 잠을 못 이룰 때가 많습니다. 하지만 '하루에 5,000글자'라고 생각하면 마음이 편해지고 금방 해낼 수 있을 것 같은 생각이 들어요. 저 역시 마찬가지입니다. 저도 처음엔 윗몸일으키기, 팔굽혀펴기, 윗몸 앞으로 굽히기를 각각 3회씩, 하루 한 번 하는 데서 출발했습니다. 말 그대로 스몰 스텝법이었죠. 거기서부터 조금씩 횟수를 늘려 지금처럼 하게 된 겁니다.

공부 습관으로 연결되는 게이미피케이션

확실히 스몰 스텝법은 저도 할 수 있을 것 같네요. 하지만 아이에게 시키려고 하면 어려울지도 모르겠어요. "아빠, 왜 운동화만 신고 끝이야?"라고 물어볼 것 같거든요. 처음엔 이해하지 못하겠죠(웃음). 좀 전에 말씀드렸듯이 저는 아이와 동네를 한 블록 달리는 것으로 시작했지만 첫 스몰 스텝을 어떻게 정할지는 궁리할 필요가 있습니다. 아침에 함께 산책하는 습관을 들인 다음 차츰 조깅으로 발전시키는 방법도 있겠죠. 만약아침 식사 전 반드시 그림책을 읽는 습관이 든 아이라면 자라서도 교과서나 다른 책을 읽는 습관이 굳어져 있을지 모릅니다.

아이가 어릴수록 특별한 방법이 필요할 수도 있지 않을까요? 아이에게 습관을 만들어 주는 방법으로 '게이미피케이션gamification(게임화)'도 활용할 수 있습니다. 본래 게임이 아닌 행위에 게임 요소를 가미해 그 행위 자체에 익숙해지게 하는 수법이에요.

솔깃한데요. 예를 들면요? 기저귀를 아직 떼지 못한 아이가 화장실에서 볼일을 볼 때마다 스티커 같은 것을 주는 방법이 흔히 쓰입니다. 그러면 아이는 스티커가 늘어나는 게 좋아서 스스로 기저귀를 차지 않으려고 노력하게 된다고 합니다. 공부나 심부름도 마찬가지로 그때그때 포상을 해주는 식으로 행위 결과를 가시화하면 하고자 하는 의지를 더욱 불태울 수 있어요. 이런 식으로 뇌가 그 행위에 익숙해지게 하는 거죠.

부정적인 영향은 없나요? 게이미피케이션이 심신 건강에 미치는 영향을 다룬 연구 대부분에서 그 결과가 긍정적으로 나타나고 있어요.[5] 다만 게이미피케이션이 행동을 바꾸는 계기로 작용하기는 해도 자발적 동기부여, 즉 '하고 싶다'는 욕구를 불러일으키는지 여부에 관해서는 아직 밝혀지지 않은 부분도 많습니다. '스티커를 갖고 싶다'는 욕구를 불러일으키기는 해도 '집안일을 돕겠다'는 마음으로 연결되지 않을 가능성도 있다는 뜻입니다.

월급을 위해서만 일하는 회사원 같은 거군요. 그렇게 될 가능성도 없진 않겠죠. 언젠가는 포상 때문이 아니라 스스로의 의지로 결정할 수 있길 바라지만요.

사실 저는 딸아이와 '학교 놀이'라는 것을 자주 하는데

저는 선생님 역할을 맡아서 국어나 영어 또는 수학을 가르친답니다. 놀이 개념이 아닌 상태로 그냥 '우리말 연습이나 할까' 하면 딸이 거부하는 경우가 많은데 '학교 놀이 하자' 하면 그냥 편하게 들어주거든요. 확실히 '아빠와 놀고 싶다'는 감정만 중시되고 있는 게 아닐까 싶네요. 그건 분명 게이미피케이션이네요. 놀면서 익숙해지는 거니까요. 그다음은 그걸 어떻게 자발적 동기부여로 연결해 가느냐에 달려 있습니다. 노력이나 성장을 칭찬해 주세요.

동기가 생기거나 행동이 익숙해지도록요? 그렇죠. 아이가 집안일을 도와줬을 때도 네 살 정도 아이에게는 '도와줘서 정말 큰 힘이 됐어' 같은 말 한마디가 사실 최고 포상입니다. 그래서 굳이 당근을 내주지 않아도 좋은 것 같을 때는 사용하지 말고, 좀처럼 행동을 하지 않을 때만 당근을 쓰는 게 좋을 수도 있습니다. 그러다 결과적으로 운동은 내 몸을 위해 한다든지 집안일을 돕는 건 부모님을 위해서라고 말하는 등 자발적 동기부여로 연결된다면 스스로 그 행위를 지속할 수 있죠.

뇌과학자의 밑줄

1. 쉽게 습관을 들이고 싶다면 스몰 스텝법을 활용해 보자. 목표의 첫 단계를 최대한 작게 만드는 것이다. 주 2회 조깅이 목표라면 첫 스텝은 운동화 신기로 하는 식이다. 스몰 스텝은 뇌의 거절 반응을 줄여 습관화를 도와준다.

2. 아이에게는 게이미피케이션을 함께 활용하는 것도 도움이 된다. 집안일을 도와주면 스티커를 주는 등 게임이 아닌 일을 게임처럼 만들어 스스로 흥미를 갖게 한다. 자발적 동기부여로 연결하기 위해 노력을 칭찬해 주는 것도 잊지 말자.

공부 집중력을 높이는
포모도로 기법

지금까지 새로운 습관을 몸에 익히는 데 필요한 방법을 배워봤는데 확실히 응용할 수 있을 것 같아 아이의 학습에 실천해 보려고 합니다. 다만 한 가지 더 구체적으로 알고 싶은 게 있다면 공부법 그 자체인데요. 교수님은 대학을 두 번 졸업하셨고 의과대학에 입학해 의사 면허를 딴 다음 박사 학위까지 취득하셨잖아요? 학습량이 엄청났을 텐데 공부 시간은 하루 3시간 이내였다니 어떻게 효율적으로 공부하실 수 있었는지 궁금합니다. 제가 학생 시절 실제로 사용한 학습법은 지금 생각해 보면 '포모도로 기법Pomodoro Technique'과 아주 흡사합니다. 뇌 구조를 생각해 볼 때 적합한 방법이라 지금도 일이나 연구를 할 때 자주 사용합니다.

포모도로 기법이라고요? 파스타 이름 같네요. 실제로 이탈리아어로 토마토라는 뜻입니다(웃음). 1980년대 후반 프란체스코 시릴로Francesco Cirillo라는 이탈리아 사람이 학생 시절 고안한 시간 관리 기법이에요. 25분간 집중해서 일이나 공부를 한 뒤 5분간 휴식하는 방식을 4회 반복하는 사이클로 이뤄져 있습니다. 이때 사용한 것이 토마토 모양의 요리용 타이머였다고 합니다.

　듣기엔 아주 간단해 보이는데요. 실제로 간단한 방법입니다. 먼저 공부나 일을 하는 장소에 방해가 될 법한 물건이 있으면 치워둡니다. 스마트폰이나 태블릿 단말기는 다른 방에 두고, 만화책 같은 게 있다면 눈에 띄지 않게 책장에 잘 정리해 놓는 거죠. 집중력이 핵심이라 주의를 산만하게 하는 것은 최대한 시야에 들어오지 않게 하는 게 요령이에요.

　그렇군요. 저는 일을 할 때 주로 가사가 없는 경음악을 듣는데 음악도 집중력을 높이기에 좋지 않나요? 그 반대일 수도 있습니다. 물론 실제로 집중하고 있으면 음악이 거의 귀에 들려오지 않을 테지만 어쨌든 음악 때문에 주의력이 산만해져 작업 기억이 저하되고 학업 성적에 악영향을 미친다는 연구가 있습니다.[6]

25분 공부와 5분 휴식 사이의 뇌과학

그 정도로 집중할 환경을 만들어야 한다는 뜻이군요. 그렇습니다. 환경이 갖춰지면 타이머를 25분으로 맞춥니다. 스마트폰 앱으로 타이머를 세팅하면 스마트폰 자체가 신경이 쓰일 수 있으니 이 기법의 창시자 시릴로 씨처럼 요리용 타이머나 학습용 타이머를 사용하는 게 좋습니다. 생활용품 할인점에서 몇 천 원 정도면 살 수 있어요. 그리고 25분 동안은 하기로 정해놓은 그 작업에만 전념해야겠죠.

그러면 25분에 끝마칠 수 있도록 작업을 나눠놓을 필요가 있겠네요. 지금까지 제가 취재한 여러 경영자들이 멀티태스크를 해내는 비결은 일을 얼마나 잘 나누는지에 달려 있다고 했어요. 확실히 그렇습니다. 작업을 25분에 딱 맞춰 끝낼 수 있을 정도로 조절하면 집중력이 한층 더 오르거든요.

그런데 25분이라는 시간의 근거는 무엇인가요? 시릴로 씨에게는 그 시간이 딱 맞았던 것뿐 아닌가요? 물론 딱 알맞은 시간의 정도는 개인차가 있을 수 있으니 시간을 길게 하거나 짧게 해도 상관은 없습니다. 다만 한 연구에서 학생의 집중력을 조사해 보니 작업을 시작하고 10~15분 정도 지날 때쯤 집중력이 최대치까지 상승하고 그 후에는 조금씩 떨어지는 것으로 나타났습니다.[7]

집중력이 일정하게 유지되진 않는 모양이군요. 지속 시간도 의외로 짧고요. 그렇습니다. 정점을 지나고 나면 급속도로 떨어지는 느낌이죠. 따라서 정점에 오르기 전후에 작업에 전념하는 상태를 만드는 것이 중요합니다. 그리고 25분이 지나면 5분은 반드시 휴식합니다. 눈을 감고 안정을 취하거나 음악을 듣거나 몸을 가볍게 움직이거나 커피를 마시는 등 본인이 편한 방식으로요. 작업할 때와 기분이 완전히 달라질 수 있도록 최대한 편안한 시간을 보내는 게 핵심입니다. 휴식이 끝나면 또 다음 25분 동안 하기로 정해놓은 일에 전력으로 집중합니다. 이 주기를 충실히 반복하면 됩니다.

25분 동안 아무리 집중했다 해도 5분을 쉬고 나면 생산성이 나빠지지 않나요? 처음에는 작업과 휴식의 스위치를 끄고 켜는 게 익숙하지 않겠지만 스몰 스텝법에서 알려드린 대로 이 행동을 날마다 계속하면 '5분을 쉰다'는 감각이 몸에 밸 겁니다.

5분 휴식의 목적은 뇌를 쉬게 하는 건가요? 집중력을 풀어준다는 의미에서는 그렇다고 볼 수 있죠. 그런데 학습 후 단시간 휴식은 새로운 기억의 정착을 촉진할 수 있다는 연구가 있습니다.[8] 그래서 5분 쉴 때 최대한 머리를 비우고 안정을 취해야 해요.

저는 스마트폰을 들고 온라인 뉴스를 검색할 것 같은데요(웃음). 전두전야를 쉬게 해야 하니 문자 정보는 가급적 보지 않는 편이 좋습니다.

그런데 주기가 너무 짧지 않나요. 성과를 제대로 내면 문제없습니다. 어중간한 집중력으로 일을 하던 사람이 포모도로 기법을 실천하고 난 후 스스로도 놀랄 만큼 성과를 내는 경우가 많다고 합니다. 사실 학교의 50분 수업이나 대학의 90분 강의는 인간의 집중력 사이클 면에서 볼 때 상당히 긴 편이에요. 아이가 오랜 시간 차분하게 자리에 앉아 있으면 보는 어른들이야 만족할지 몰라도, 2시간 앉아 있어도 집중하는 시간이 처음 15분뿐이라면 효율은 그다지 좋은 편이 아니죠.

저도 집에서 원고를 쓰다 보면 전혀 집중할 수 없을 때가

더러 있습니다. 그럴 때는 쉬엄쉬엄 일하기는 하는데 그럴 필요 없이 포모도로 기법으로 시간을 나눠놓고 하면 되겠네요. 그렇습니다. 25분만 집중하면 된다고 생각하니 오히려 효율이 오릅니다.

포모도로 기법과 시너지를 내는 학습법

포모도로 기법과 함께 활용하면 좋은 학습법이 있을까요? 먼저 복습을 하는 게 좋습니다. 공부한 내용을 며칠이 지나 다시 꺼내보면 기억이 강화되니까요.[9] 또 복습을 하면 단순히 암기만 할 수 있는 게 아니라 의미 있는 배움으로 발전한다고 합니다.[10]

의미가 있다는 게 무슨 뜻이죠? 하나의 지식을 다른 지식과 응용할 수 있거나 그와 연관 있는 주제가 기억에서 줄줄이 딸려 나오는 상태를 말합니다. 또 뇌의 네트워크가 강화되기 때문에 정보를 찾아내기도 쉬워집니다. 대학생을 대상으로 한 연구에서는 좋은 성적을 거두는 학생일수록 강의 당일에 지난 시간 배운 내용을 복습하는 비율이 높다는 결과도 나왔

습니다.[11]

그러니까 어떤 정보를 한 번에 통째로 암기하는 것이 아니라 몇 번씩 다시 접하면서 눈에 익혀야 제 살과 뼈가 된다는 거군요. 그렇습니다. 그리고 특정 과목을 문제별로 배우는 '블록 학습'보다 여러 과목의 다양한 문제를 골고루 배우는 '다양성 학습'이 성적을 높여준다는 연구도 있습니다.[12]

그건 무슨 뜻인가요? 간단히 설명하면 하루 30분씩 공부를 다섯 번 한다고 할 때 한 과목을 다섯 번 하는 것이 블록 학습이고 국어, 수학, 물리, 사회, 영어 등 다섯 과목을 한 번씩 하는 것이 다양성 학습입니다. 저도 옛날부터 다양성 학습으로 공부를 해왔는데 이렇게 공부하면 뇌의 네트워크가 유기적으로 결합하는 것 같습니다.

각기 다른 과목에서 배운 내용이 뇌에서 결합된다는 거군요. 그렇습니다. 그리고 노트 필기를 할 때 이미지 요소를 가미하면 기억에 오래 남는다는 연구도 있습니다.[13]

이미지 요소라고요? 저는 형광펜을 쓰는 정도가 다였던

것 같습니다. 그것도 이미지죠. 다만 꼭 기억해야 할 내용이라면 간단한 그림으로 꾸며보거나 일러스트를 넣어주면서 좀 더 공을 들이는 것도 좋습니다.

필기에 그렇게까지 시간을 투자하자니 어쩐지 시간이 아깝다고 느껴지기도 하는데요. 그렇게 해서 기억하기 쉬워진다면 긴 안목으로 볼 때 시간이 절약되지 않을까요? 암기하는 데 쓰는 시간이 줄어든다는 뜻이니까요.

그렇게 생각하면 그럴 수도 있겠네요. 그럼 시험이 닥쳤을 때 성적을 올릴 수 있는 치트키 같은 것도 있습니까? 치트키라기보단 왕도라고 할 수 있는 방법이 기출 문제를 푸는 겁니다. 대학 입학시험을 치르기 전에 모의고사를 여러 번 치르잖아요? 내가 볼 시험과 유사한 형식의 문제를 통해 연습하는 것이 시험을 준비하는 가장 좋은 방법 중 하나라는 연구가 있어요.[14] 이때 단지 기출 문제를 풀기만 하는 게 아니라 틀린 문제는 따로 오답노트를 만들어 눈을 감고도 정답을 맞힐 수 있을 만큼 중점적으로 공부해야 성적 향상으로 직결된다는 연구도 있습니다.[15] 배움은 실패를 극복하는 과정인지도 모릅니다. 풀 수 있는 문제만 계속 풀면 생각만큼 점수가 오르지 않거든요.

설마 그런 사람이 있을까 생각했는데 언제나 칠 수 있는 곡만 치기 때문에 기타 실력이 전혀 늘지 않는 사람이 바로 저였습니다(웃음). 그건 그것대로 즐거울 테니까 괜찮습니다(웃음). 하지만 진심으로 기타를 더 잘 치고 싶다면 자신의 약점과 진지하게 마주해야겠죠.

경험에 헛수고란 없다

지금까지 뇌에 좋은 습관을 익히는 법, 공부 효율을 높이는 법 등을 배워서 아이를 똑똑하게 만드는 법은 안 것 같은데, 하나 더 궁금한 게 있습니다. 어떤 점이 더 궁금한가요?

뇌에 좋은 자극을 주면, 아이든 어른이든 뇌는 변화한다고 하셨지요. 다만 그게 아이의 행복으로 이어질지 확신을 갖기가 힘들어요. 아이가 행복한 사회 구성원으로 성장하기 위해 부모가 더 해줄 수 있는 것이 있을까요? 아이의 행복을 바라는 것은 모든 부모의 마음입니다만, 똑똑하기만 해서는 충분치 않다는 걱정이 들어서인가요?

그렇습니다. 부모가 이것저것 해준다 한들 효과가 없을 수도 있고요, 또 효과가 있다고 해도 뇌 속에서 일어나는 일을 눈으로 확인할 수도 없으니까요. 잘 알겠습니다. 다음 장에서 아이의 성공을 위해 부모가 해줄 수 있는 것에 대해 알려 드리겠습니다. 참고로 말씀드리면, 저는 부모가 아이에게 다소 잘못된 것을 권해서 헛수고가 되었다 한들 그게 큰일이라고는 생각하지 않습니다.

네? 의도야 어쨌든 결과적으로는 실패나 마찬가지잖아요. 부모도 처음 부모 역할을 수행한 겁니다. 아이의 행복을 위해 시행착오를 경험하면서 부모도 자기 자신에 대해, 그리고 아이에 대해 배우는 것이 당연히 있을 겁니다.

뇌과학자의 밑줄

1. 집중력은 공부를 시작한 지 15분이 지났을 때 정점에 이르고 이후 저하되기 시작한다. 집중력이 어중간한 상태로 장시간 책상 앞에 앉아 효율을 떨어뜨리기보다 25분 집중, 5분 휴식을 반복하는 '포모도로 기법'을 활용해 보자.

2. 25분 타이머를 맞추기 전에는 집중력을 방해할 만한 요소를 정리해 최대한 공부에만 몰입할 수 있는 환경을 만들어 준다. 25분간 집중해 공부를 했다면 5분 휴식 시간에는 최대한 뇌를 편안하게 쉬게 한다.

3. 포모도로 기법으로 공부한 후 복습을 해주면 효과가 배가 된다. 하루에 한 과목만 공부하기보다 여러 과목을 공부하면 기억이 유기적으로 연결되며, 필기할 때 이미지 요소를 활용하면 기억이 정착되기 쉽다. 마지막으로 시험 전에는 반드시 기출 문제를 풀고 오답 노트를 정리한다. 성적을 올리고 싶다면 자신의 약점과 마주해야 한다.

메타인지의 힘

객관적으로 인식하는 법

어떤 사람이라도 행복해지기 위해 꼭 필요한 열쇠가 바로 메타인지라고 앞에서 말씀하셨지요. 부모가 이것저것 해준다 한들 효과가 없을 수도 있고, 또 효과가 있다고 해도 눈에 보이지 않아 걱정이라는 말씀을 하셔서 메타인지에 대해 좀 더 자세히 이야기 나눠야겠다고 생각했습니다.

메타인지와 행복이 무슨 관계죠? 천천히 설명드리죠. 부모라면, '우리 아이가 이렇게 됐으면 좋겠다' 하는 생각들을 갖고 있을 겁니다.

그야 그렇죠. 아이가 공부를 잘한다면 더할 나위 없이 기쁠 테고, 좋은 대학에 들어가면 좋아서 펄쩍 뛸 것 같습니다. 교수님도 아이가 의사가 되면 좋겠다고 내심 생각하고 계시죠? 그렇습니만, 의사가 되라고 직접 말하지는 않습니다. 부담스럽게 느낄 수도 있는 데다가 스스로 자신의 길을 찾아냈으면 하는 바람이 있어요.

그건 저도 마찬가지예요. 그래서 아이가 크게 성장하기 위한 여러 계기를 만들어 주고 싶을 따름이에요. 그런데 제가 일방적으로 밀어붙이지 않도록 상당히 주의를 기울이고도 있고요. 물론 그런 식으로 너무 망설이기만 하다가 좋은 타이밍을 놓치는 건 아닐까 걱정도 됩니다. 충분히 이해합니다. 그렇지만 너무 걱정하지 마세요. '나는 아이가 이런 사람이 됐으면 좋겠다' 하는 마음이 생기는 게 메타인지의 첫걸음이 될 수 있으니까요.

부모가 익히는 메타인지의 첫걸음

메타인지요? 메타인지는 나를 객관적으로 보는 것 아닌가요? 맞습니다. 그런데 나뿐 아니라 다른 사람도 객관적으로 봐야 합니다. 나든 남이든 모든 것을 있는 그대로 받아들여야 하죠.

아무래도 부모는 내 아이는 내가 가장 잘 안다고 생각해서 말로는 객관적으로 보고 있다고 해도 의외로 그렇지 못한 경우가 많더라고요. 아이를 객관적으로 볼 수 있게 되면 지금 아이에게 필요한 것이 무엇인지 정확히 알고 조언해 줄 가능성이 커질 겁니다. 아이가 스스로 메타인지를 활용할 수 있게 된다면, 자신에게 어떤 공부가 필요한지, 자기는 언제 성취감을 느끼는지 등을 알 수 있으니, 행복으로 직결될 거고요.

그렇지만 메타인지를 습득하는 게 힘든 거죠? 메타인지는 분명 간단치는 않습니다. 자기 일이나 처한 환경, 주어진 과제를 객관적으로 인식하기란 공부를 습관화하는 것만큼 어렵죠. 하지만 아이가 메타인지를 익히게 하려면 부모의 태도가 중요합니다.

부모의 메타인지는 어떻게 해야 얻어집니까? 뇌는 평소에 엄청난 속도로 다양한 정보를 처리하고 있습니다. 따라서 자기 자신에 관한 정보를 취급할 여유가 거의 없죠. 눈앞의 일에 정신이 팔려 있는 셈이에요. 뻔한 이야기처럼 들릴지 모르지만 '디지털 디톡스'라고 해서 일정 기간 스마트폰이나 컴퓨터 등의 디지털 세상에서 벗어나 집중력을 회복하는 방법을 활용해 볼 수 있습니다. 그렇게 자기 자신을 되돌아보는 시간을 만드는 거죠. '마음챙김' 역시 마찬가지입니다. '지금, 여기'에 집중해 내 몸 상태를 객관적으로 바라보는 행동이라 메타인지 훈련이 될 수 있어요.

그게 그렇게 활용되는군요. 저는 일에서 도망치려는 핑곗거리로만 생각했거든요(웃음). 전혀 그렇지 않습니다. 우리 뇌가 어떤 버릇을 갖고 있는지 깨닫기란 쉽지 않습니다. 따라서 그런 정보야말로 사람을 성장시키는 소중한 것이죠.

그런데 구체적으로 어떻게 해야 하나요? 저 같은 프리랜서에게는 피드백을 주는 사람이 거의 없거든요. 저를 객관적으로 볼 기회가 별로 없습니다. 메타인지도 뇌의 고차 기능 중 하나입니다. 반복적으로 자극을 주면 그에 특화된 네트워크가 생겨 누구든 메타인지를 할 수 있죠. 구체적인 방법을 설명해 드리겠습니다.

뇌과학자의 밑줄

1. 메타인지란 모든 상황을 객관적으로 바라보는 인지 능력으로써, 메타인지 능력이 있어야 부모도 아이도 행복해질 수 있다.

2. 부모가 메타인지를 갖추면 아이를 객관적으로 바라볼 수 있게 되어, 아이에게 당장 필요한 것이 무엇인지 적절한 조언과 도움을 건넬 수 있게 된다. 아이가 메타인지를 활용할 수 있게 되면, 내가 어떠한 능력을 갖추고 싶은지, 그러려면 어떠한 노력을 해야 하는지 등을 알 수 있게 된다.

3. 메타인지를 키우는 데 도움이 되는 활동으로는 디지털 기기와 멀어지는 '디지털 디톡스', 현재 상태에 머무르는 '마음챙김' 등이 있다.

공부 뇌는
메타인지로 만든다

공부 뇌도 메타인지와 연관이 있나요? 메타인지란, 거리를 두고 자신을 바라봄으로써 객관적인 판단을 내리도록 하는 힘입니다. 사실을 있는 그대로 받아들이는 것이라 할 수 있지요. 사실 지금까지 제가 한 이야기의 숨은 주제는 어떻게 보면 모두 메타인지나 마찬가지였습니다.

네? 전혀 눈치채지 못했는데요. 예를 들어 1장에서 아이의 IQ 같은 지능지수에 휘둘릴 필요 없다고 말씀드렸죠. 이것도 메타인지입니다. 뇌를 보면 울퉁불퉁한 요철 부분이 많은데 이 모양이 사람마다 다릅니다. 다시 말해 내 요철이든 다른 사람의 요철이든 제각각 있는 그대로를 인정해야 한다는 뜻이죠. 메타인지는 간단히 말해 자기 자신을 거리를 두고 바라봄으로써 객관적인 판단을 내리게 하는 힘이니까요.

그렇군요. 또 어떤 게 메타인지와 연결됩니까? 회복탄력성도 그렇습니다. 나는 불가능하다고 자포자기하지 말고 꾸준히 노력하면 성장할 수 있다는 믿음이 몸에 배게 하는 거였죠. 그렇게 하려면 지금 자신이 할 수 있는 일은 무엇이고 그걸 어떻게 극복하면 되는지 객관적으로 바라볼 필요가 있습니다. 2장에서 설명한 자기긍정감도 메타인지를 몸에 익혀야 한다는 이야기였습니다. 자기긍정감이 높은지 낮은지는 표면적으로 보이는 것일 뿐 결국 '있는 그대로의 나를 받아들인다'는 게 자기긍정감이니까요.

기억나요. 아이의 있는 그대로를 받아들여 장점을 찾아주라고 말씀하셨죠. 맞습니다. '아, 나에게는 이런 장점이 있어' 하고 아이가 깨우치게 해 주는 피드백이 아이가 자신을 객관화하는 계기로 작용합니다. 뿐만 아니라 감정을 조절하면 행복감을 얻을 수 있다는 것도 메타인지입니다. 부정적인 감정일지라도 외면하지 않고 일단 받아들이겠다는 결정을 하면 메타인지로 연결됩니다. 그래서 메타인지를 할 수 있게 되면 행복감이 증가하는 거예요.

그러네요. '이런 성격이라도 상관없어' 하고 생각할 수 있는 게 메타인지일 테니까요. 5장에서 언급한 스몰 스텝법과 포모도로 기법은 메타인지와 함께할 때 더 큰 위력을 발휘합니다. '이 정도는 무조건 할 수 있지' 하고 생각할 수 있는 크기로 작업을 잘게 나눈다거나 25분에 끝마칠 수 있도록 작업량을 정해놓으려면 당연히 자신을 객관적으로 바라볼 수밖에 없습니다. 그러니 효율도 높아질 수밖에 없고요. 이것저것 따지기 귀찮으니 무조건 근성으로 이겨내자고 생각한다면 메타인지는 얻을 수 없습니다.

엄친아를 정확히 관찰하는 법

근성과 정반대에 있는 것이 메타인지로군요. 앞서 나누었던 다양한 주제가 결국 메타인지로 엮인다고 생각하니 어쩐지 영화 막바지에서 복선이 하나하나 드러나고 있는 느낌인데요(웃음). 교수님은 메타인지 훈련을 따로 받으셨나요? 결과적으로 보면 스스로 훈련한 셈이죠. 사실 저 스스로 '머리가 좋다'고 생각한 적은 한 번도 없습니다. 학창 시절 학교 성적은 분명 나쁘지 않았고 의과대학 입학시험을 다시 치러서 합격도 했고 동 세대 사람들과 비교하면 지금 이 자리에 빠르게 올라오긴 했습니다. 하지만 이 모든 게 제가 머리가 좋아서 가능했다고 생각한 적은 정말 없습니다. 오히려 주변 사람의 장점을 빠르게 알아봤다고 해야겠네요.

무슨 말씀인가요? 예를 들어 같은 반 친구를 볼 때 두뇌 회전이 엄청 빠르다거나 어휘가 풍부하다거나 그림 실력이 출중하다는 등 그 친구의 장점을 객관적으로 판단할 수 있었어요. 누군가 내게는 없는 능력을 갖고 있으면 그걸 알아차릴 수 있었다는 뜻입니다. 그 결과 저를 객관적으로 바라볼 수 있게 된 것이죠.

그건 질투 같은 감정 아닌가요? 중고등학생이라면 '왜 쟤가 나보다 잘하는 거야?' 하면서 은근히 샘이 날 것 같거든요. 어쨌든 어른이 되고 나서도 그런 사람은 어디나 꼭 있으니까요. 글쎄요. 성격 차이일지 모르지만 저는 상대의 능력을 질투한 적이 전혀 없습니다. 오히려 내게 필요한 건 무엇이고 어떤 능력을 키워야 할지 생각하는 계기가 됐죠. 저는 지금 학계에서 일하고 있잖습니까? 여기에도 저보다 뛰어난 사람은 많고 괄목할 만한 성과를 내는 사람도 적지 않습니다. 그런 사람들을 만날 때마다 '내게 부족한 것은 무엇일까?', '지금 상태에서 개선해야 할 점은 무엇일까?' 하는 생각을 끊임없이 하면서 지냅니다.

존경스러울 정도입니다. 어떻게 어렸을 때부터 그러실 수 있죠? 아무래도 어린 시절부터 지적 호기심이 왕성했기 때문 아닐까요(웃음).

이렇게 지적 호기심으로 되돌아가는군요! 예를 들어 남들 앞에서는 공부하는 티를 전혀 내지 않았던 친구가 시험에서 100점을 받았다고 칩시다. 누군가는 '나는 바보고 저 녀석은 본래 머리가 좋을 뿐이다' 하며 포기해 버립니다. 다른 누군가는 '흥, 그래도 달리기로는 나를 이길 애가 없지' 하면서 다른 일을 끌어들여 자신을 합리화합니다. 그렇지만 저는 '나와 저 아이의 차이는 뭘까? 공부 방법이 근본적으로 다를까? 알고 싶다'고 생각해요. 이것이 지적 호기심에 따른 반응의 차이입니다.

그럼 알고 싶다고 생각했을 때 실제로 물어보십니까? 물론입니다. 지금도 그래요. 저는 교수면서 경영자기도 하지만 대학원생은 물론이고 다른 경영자나 직원에게도 모르는 것은 그때그때 물어봅니다. 제 원칙이에요. 질문은 최고의 공부법이니까요.

보통은 나를 더 뛰어나게 포장하려고 모르는 것도 아는 척하지 않나요? 아이든 어른이든 남보다 우위를 차지하려고 하니까요. 비교하지 않는 것이 중요합니다. 다른 사람의 뛰어난 점을 발견해도 나를 비하하지 않습니다. 그저 나보다 뛰어난 사람이 있다는 걸 자연스러운 상태로 받아들이죠. 반대로 나에게 남보다 뛰어난 점이 있다 해도 과신하지 않습니다. 이것이 메타인지의 기본이라고 생각합니다.

비하하지 않는다, 과신하지 않는다. 좋은 말이네요. 비하하는 사람은 자신의 약점이나 실패를 '내가 부족하기 때문'으로 결론짓기 쉽습니다. 과신하는 사람은 '나는 대단해' 하면서 약점이나 실패를 직시하려고 들지 않고요. 그러면 안 됩니다. 일단 사실을 있는 그대로 받아들여야 합니다. 그래야만 '이제 어떻게 하면 될까' 하고 건설적인 방향으로 생각할 수 있습니다.

뇌과학자의 밑줄

---

1. 메타인지는 나 자신을 객관적으로 바라봄으로써, IQ, 회복탄력성, 자기긍정감 등을 키워준다. 한편 자기감정이나 생각을 읽을 수 있으므로 감정조절력, 자기조절력에도 긍정적인 영향을 준다.

....

2. 메타인지는 나의 능력과 현재 주어진 상황을 판단할 수 있게 함으로써, 학업이나 업무 효율을 증대시키는 데도 큰 역할을 한다.

....

있는 그대로 받아들이는
메타인지 훈련법

저부터 확실히 메타인지를 익혀 아이도 훈련시키고 싶다는 생각이 드네요. 물론 가능합니다. 일단 한번 멈춰 서서 가만히 생각해 보는 데서 출발하세요. 멈춰 서서 있는 그대로 받아들이는 겁니다.

할 수 있을지 모르겠네요. 메타인지도 훈련이라는 점을 잊지 마세요. 당연히 처음에는 낯설고 어렵지만 조금씩 시도하다 보면 인생은 분명 바뀝니다. 나를 비하하지 않게 되면 아이를 대하는 방법이나 배우자, 연인, 친구, 동료와의 관계도 어느 순간 달라지죠. 앞에서 여러 차례 말씀드렸듯이 아이가 뭔가를 익히길 원한다면 부모가 먼저 모범을 보일 수 있어야 합니다. 부모의 언행이 달라지면 아이도 자연스레 변하기 시작해요.

● 있는 그대로 받아들이는 훈련

- 자신의 장점이나 단점을 있는 그대로 받아들인다.
- 동료나 가족이 하는 평가도 있는 그대로 받아들인다.
- 아이를 포함해 다른 사람의 장점이나 단점도 있는 그대로 받아들인다.
- 불쾌한 일, 바라지 않았던 일도 있는 그대로 받아들인다.

감정 조절도 가능해지나요? 자신이나 타인에 관해서 '안돼!', '허락할 수 없어!'라고 느꼈을 때, 애써 그것을 받아들이는 것이 바로 메타인지 훈련인 셈입니다.

하지만 말 그대로 머리에 피가 거꾸로 솟는 기분일 때는 그게 가능할 것 같지 않습니다. 매번 성공하지 못하더라도 상관없습니다. 적어도 메타인지라는 개념이 뇌에 입력돼 있을 테니까요. 그게 확실하게 뇌에 정착되면 머리에 피가 거꾸로 솟던 그 순간엔 못 했더라도 시간이 흐른 뒤에 깨닫게 되거든요. '그때 있는 그대로를 받아들이지 못했다', '메타인지를 하지 못했어' 하고요.

그렇군요. 그리고 메타인지를 하지 못했다고 깨닫는 것은 뇌에서 메타인지와 관련된 네트워크를 사용했다는 뜻입니다, 그러니 그 상황을 반복하다 보면 네트워크가 점점 두껍게 생성되기 마련입니다. 좀 전에 이런 말씀을 하셨죠? 예전에는 뇌를 바꿀 수 없다고 생각했는데 이제는 노력으로 성장시킬 수 있다는 생각이 드신다고요.

아 그러네요! 그 역시 가소성이군요. 메타인지도 포기하면 절대로 얻을 수 없습니다. 내 뇌의 요철을 받아들이고 비하하지 않고 과신하지 않는다면 반드시 가능합니다.

포기하지 않으면 성장할 수 있다. 명심하겠습니다.

●/ **편집자 T**
아이가 학원 수학 시험에서 형편없는 점수를 받아 와서 욱했습니다. 저는 그런 성적을 실제로 받는 걸 상상도 못 했을 정도의 점수였어요. 하지만 다키 교수님께 여러 이야기를 들으면서, 메타인지야말로 입시를 앞둔 아이의 부모가 반드시 갖춰야 할 것이라 생각했습니다. 늘 평온하기 쉽지 않지만 '메타인지'를 늘 떠올리려고 노력하고 있습니다.

뇌과학자의 밑줄

1. 메타인지는 어떠한 순간에 잠시 멈춰서 가만히 생각하는 데서 시작한다. 나의 장단점을 있는 그대로 받아들이는 데서 시작해 보자.

2. 순간 욱하는 감정이 들어서 메타인지를 활용하지 못했더라도, 뒤늦게라도 메타인지를 하지 못했다는 걸 인식한다면 그것만으로도 효과가 있다. 메타인지와 관련된 네트워크가 사용됐기 때문이다. 뇌는 반복할수록 관련 기능이 좋아진다는 것을 기억하자.

제게는 꿈이 있습니다. 이 세상의 모든 아름다운 나비가 모여 있는 박물관을 만드는 일입니다. 어린 시절 아름다운 나비 표본을 본 것이 제게 자연에 대한 커다란 호기심을 싹틔워 줬거든요. 제 고향인 홋카이도 아사히카와시 시립과학관 한편에 일본 각지에서 서식하는 나비 표본이 전시돼 있었는데 그중 오키나와의 나비 표본을 보고 정말 감동했습니다. 이 감동을 다음 세대 아이들에게도 조금이나마 전하고 싶다는 생각에 이제는 제가 직접 나비 박물관을 만들겠다고 다짐했죠.

박물관을 만들기 위해서는 여러 가지 준비가 필요할 테고 운영자로서의 능력도 갖춰야 하리라고 생각합니다. 박물관 설립을 실현하기 위한 절차는 그동안 충분히 조사해 왔지만 안타깝게도 몇 년이 더 걸릴지 아직 가늠조차 되지 않습니다. 제가 세운 박물관에서 눈을 초롱초롱 반짝이는 아이들을 맞이하는 일이야말로 제가 마음속 깊은 곳에서부터 바라고 또 바라는 일입니다. 그래서 단 하루라도 몸과 마음이 건강하게 살 수 있도록 매순간을 조심 또 조심하며 지내고 있습니다.

제가 드럼을 치며 스트레스를 해소하는 것이나 일하는 틈틈이 근력 운동을 하는 것이나 아이와 함께 조깅을 하는 것 모두 하고 싶어서 하는 일인 건 맞습니다. 하지만 한편으로는 이 모든 게 제 꿈을 실현하기 위한 스몰스텝이기도 하죠. 자신이 하는 일 전부에 의미를 부여할 수 있다면 하루하루를 대하는 자세가 바뀌어 아침에 일어나는 일이 즐거워집니다.

앞에서 그릿을 설명할 때 아이들이 장기 목표를 갖게 하는 것이 중요하다고 강조했죠. '공부를 위한 공부'를 하는 것이 아니라 '내 꿈을 실현하기 위한 공부'로 받아들이는 것이 뇌 기능을 향상해 아이가 꿈에 가까워지도록 만들어 주기 때문입니다. 그리고 이건 어른에게도 마찬가지라고 생각합니다. 어른이기 때문에 더 큰 꿈을 품고 이를 실현하기 위해 해야 할 일을 하다 보면 뇌 기능도 향상되고 하루하루를 충실히 보낼 수 있습니다.

그래서 이 책에서 꼭 전달하고 싶었던 이야기 중 하나는 '나이가 몇이든 꿈을 갖자'는 것입니다. 아이라면 앞으로의 꿈을 찾고 어른이라면 과거의 잃어버린 꿈을 찾는 것입니다.

저는 오랜 세월 치매 연구에 종사해 왔습니다. 치매를 예방하는 데 어떤 운동, 식사, 취미가 좋은지 말입니다. 하지만 '뇌의 노화를 막기 위해 이걸 하자'고 생각하기보다 '내 꿈을 실현하기 위해 이걸 하자'고 생각하길 권합니다. 그래야 그 일을 훨씬 더 효과적으로 지속할 수 있고 무엇보다 즐거움을 느낄 수 있습니다.

몇 살이 됐든 꿈을 갖고 있는 사람들의 뇌는 계속 성장하기 마련입니다. 이 책이 계기가 되어 당신의 꿈이 좀 더 쉽게 실현될 수 있길 바라 마지않습니다.

도호쿠대학 교수 **다키 야스유키**

● 참고문헌

Part 1

1 다키 야스유키 감수,《도쿄대생 뇌로 키우는 법》, 주부의벗사, 2017

2 Gruber M.J. et al., Neuron, 84(2): 486-96., 2014

3 Mueller C.M. et al., Journal of Personality and Social Psychology, 75(1):33-52., 1998

4 Mangels J.A. et al., Social Cognitive and Affective Neuroscience, 1(2): 75-86., 2006

5 Taki Y. et al., NeuroImage, 60(1): 471-5., 2012

6 Bouchard T.J. et al., Science, 212(4498): 1055-9., 1981

7 Shapka J.D. et al., Educational Research and Evaluation, 12(4): 347-358., 2006

8 Ray C.E. et al., School Psychology Review, 35(3): 493-501., 2006

9 Bailey D. et al., Journal of Research on Educational Effectiveness, 10(1):7-39., 2017

10 Taki Y. et al., NeuroImage, 60(1): 471-5., 2012

11 Coupe P. et al., Scientific Reports, 9: 3998., 2019

12 Goncalves JT et al., Cell, 167(4): 897-914., 2016

13 Schmidt-Hieber C. et al., Nature, 429: 184-187., 2004

14 Dahlin E. et al., Science, 320(5882): 1510-2., 2008

15 Masui Y. et al., Age, 28(4): 353- 361., 2006

16 Thompson R.A. et al., American Psychologist, 56(1): 5-15., 2001

17 Taki Y. et al., Journal Affective Disorders, 88(3): 313- 320., 2005

Part 2

1 Gilbert S.J. et al ., Current Biology, 18(3): R110-4., 2008

2 Miyake A., P Shah (Eds), "Models of working memory", Cambridge University Press, 1999

3 Tangney J.P. et al., Journal of Personality, 72(2): 271-324., 2004

4   Duckworth A.L. et al., Psychological Science, 16(12): 939-44., 2005

5   Walter M. et al., Journal of Personality and Social Psychology, 21(2): 204-218, 1972

6   Kashdan T.B. et al., Motivation and Emotion, 31(3): 159-173, 2007

7   Ainley M. et al., Journal of Educational Psychology, 94(3): 545-561., 2002

8   Rathunde K. et al., Journal of Youth and Adolescence, 22: 385-405., 1993

9   Bergin D.A. Journal of Leisure Research, 24(3): 225-239., 1992

10   Roberta M.M. et al., Journal of Advanced Academics, 8(3): 111-120., 1997

11   Moesch K. et al., Talent Development and Excellence, 5(2): 85-100., 2013

12   Root-Bernstein R. et al., Journal of Psychology of Science and Technology, 1(2): 51-63., 2008

13   Dankiw K.A. et al., PLoS ONE, 15(2) : e0229006., 2020

14   Iacoboni M et al., Nature Reviews Neuroscience, 7(12): 942-51., 2006

15   Meltzoff A.N., Developmental Psychology, 24(4): 470-476., 1988

16   Gajda A. et al., Journal of Educational Psychology, 109(2): 269-299., 2017

17   Bart WM et al., International Online Journal of Education and Teaching, 7(3):712-720., 2020

18   Hansenne M. et al., International Journal of Educational Research, 53:264-268., 2014

19   Roger E.B. et al., PNAS, 115(5): 1087-1092., 2018

20   Mahmud M.M., Procedia-Social and Behavioral Sciences, 134: 125-133., 2014

21   Yahaya A. et al., Archives Des Sciences, 65(4): 2-17., 2012

22   Feitosa F. et al., Temas em Psicologia, 20(1): 61-70., 2012

23   Kennedy D. et al., Trends in Cognitive Sciences, 16(11): 559-572., 2012

24   Hart B. et al., Developmental Psychology, 28(6), 1096-1105., 1992

25   Hart B. et al. "Meaningful Differences in the Everyday Experience of

Young American Children", Baltimore, MD: P.H. Brookes Publishing, 1995

26　Fowler W., "Talking from Infancy: How to Nurture and Cultivate Early Language Development", Cambridge, MA: Brookline Books, 1990

27　Cascio N.C. et al., Social Cognitive and Affective Neuroscience, 11(4): 621-629., 2016

28　Hosseini S.N. et al., Iranian Journal of Psychiatry and Behavioral Science,10(1): e4307., 2016

29　Harris P.S. et al., Journal of Experimental Social Psychology, 70: 281-285., 2017

30　〈어린이 및 청소년 백서〉, 일본 내각부, 2019

31　Matsudaira I. et al., PLoS ONE, 11(4): e0154220., 2016

32　〈어린 시절 체험이 만들어 주는 힘과 그 성과에 관한 조사 연구〉, 국립청소년교육진흥기구, 2018

33　Mueller C.M. et al., Journal of Personality and Social Psychology, 75(1): 33-52., 1998

34　Dahlin E. et al., Science, 320(5882): 1510-2., 2008

35　앤절라 더크워스 지음, 김미정 옮김,《그릿: IQ, 재능, 환경을 뛰어넘는 열정적 끈기의 힘》, 비즈니스북스, 2022

36　Duckworth A. et al., Journal of Personality and Social Psychology, 92(6), 1087-1101., 2007

37　Maurer M. et al., Journal of Happiness Studies 17(5): 2119-2147., 2016

38　Lisa S. et al., Child Development, 78(1): 246-263., 2007

39　Oettingen G. et al., Social and Personality Psychology Compass, 10(11): 591-604., 2016

40　시미즈 아카네,《일하는 세포》, 고단샤, 2015

41　데이비드 엡스타인 지음, 이한음 옮김,《늦깎이 천재들의 비밀: 전문화된 세상에서 늦깎이 제너럴리스트가 성공하는 이유》, 열린책들, 2020

42　Moesch K. et al., Talent Development and Excellence, 5(2): 85-100., 2013

43　Root-Bernstein R. et al., Journal of Psychology of Science and Technology, 1(2): 51-63., 2008

44 다키 야스유키 감수, 《도쿄대생 뇌로 키우는 법》, 주부의벗사, 2017

45 〈프레지던트 Family 2016 가을호〉, 프레지던트사, 2016

Part 3

1 Fisher L., International Journal of Behavioral Development, 20(1): 67-82., 1997

2 Albers E.M. et al., Journal of Child Psychology and Psychiatry, 49(1): 97-103., 2008

3 Patricia K.K. et al., PNAS, 100(15) 9096-9101., 2003

4 상동

5 Labby S. et al., The Journal of Multidisciplinary Graduate Research, 2(4): 48-64., 2016

6 Leahy M.A. et al., Journal of Educational and Developmental Psychology, 7(2): 87-95., 2017

7 Zajonc R.B., Journal of Personality and Social Psychology, 9(2, Pt.2), 1-27., 1968

8 Gruber M.J. et al., Neuron, 84(2): 486-96., 2014

9 Hoffman M.L., Developmental Psychology, 11(2), 228-239., 1975

10 Zajonc R.B., Journal of Personality and Social Psychology, 9(2, Pt.2), 1-27., 1968

11 Gruber M.J. et al., Neuron, 84(2): 486-96., 2014

12 Klein P.J. et al., Developmental Science, 2(1): 102-113., 1999

13 Bargh J.A. et al. Journal of Personality and Social Psychology, 71(2): 230-244., 1996

14 Chaddock L. et al., Brain Research, 1358: 172-83., 2010

15 Hillman C.H. et al., Neuroscience, 159(3): 1044-54., 2009

16 Raine L.B. et al., PLoS One, 8(9): e72666,. 2013

17 Hashimoto T. et al, Developmental Neuroscience, 37(2): 153-60., 2015

18 Stettler N. et al. Obesity Research, 12(6): 896-903., 2004

19 Roig M. et al., PLoS ONE, 7(9): e44594., 2012

20 Iwayama K. et al., EBioMedicine, 2(12): 2003-9., 2015

21 Hudziak J.J., et al. Journal of the American Academy of Child and Adolescent Psychiatry, 53(11): 1153-61, 1161.e1-2., 2014

22 후지사와 다카시 외, 정보처리학회지, 50(8): 764-770., 2009

23 Johnson J. et al., Cognitive Psychology, 21(1): 60-99., 1989

24 Lenneberg E.H. "Biological Foundations of Language", New York : John Wiley & Sons, 1967

25 Frans B.M. et al., Nature Reviews Neuroscience, 18: 498-509., 2017

26 Konrath S.H. et al., Personality and Social Psychology Review, 15(2): 180-198., 2011

27 Dewald J.F. et al., Sleep Medicine Reviews, 14(3): 179-89., 2010

28 Blume C. et al., Frontiers in Human Neuroscience, 9: 105., 2015

29 Rasch B. et al, Physiological Reviews, 93(2): 681-766., 2013

30 Wassing R. et al., Current Biology, 29(14): 2351-2358.e4., 2019

31 Roig M. et al., PLoS ONE, 7(9): e44594., 2012

32 Iwayama K. et al., EBioMedicine, 2(12): 2003-9., 2015

33 Wagner U. et al., Nature, 427: 352-355., 2004

34 Stutz J. et al., Sports Medicine, 49(2): 269-287., 2019

35 Chang A.M. et al, PNAS, 112(4): 1232-1237., 2015

36 Layman D.K. et al., Nutrition Review, 76(6): 444-460., 2018

37 Binks H. et al., Nutrients. 12(4): 936., 2020

38 Alahmary S.A. et al., American Journal of Lifestyle Medicine, 2019

39 Lana A. et al., Aging and Disease, 10(2): 267-277., 2019

40 Taki Y. et al, PLoS ONE, 5(12): e15213., 2010

41 Otsuka R. et al., European Journal of Clinical Nutrition, 75(6): 946-953., 2020

42 Ozawa M. et al., American Journal of Clinical Nutrition, 97(5): 1076-82., 2013

43 Schaefer E.J. et al., Archives of Neurology, 63(11): 1545-50., 2006

44 Takeuchi H. et al, Molecular Psychiatry, 21: 1781-1789., 2016

45 앤서스 한센, 《스마트폰 뇌》, 신초사, 2020

46 Berlyne D.E. Science, 153(3731): 25-33., 1966

47 Schultz W., Physiological Reviews, 95(3): 853-951., 2015

48 Berlyne D.E., British Journal of Psychology, 41(1-2): 68-80., 1950

49 Leroy S., Organizational Behavior and Human Decision Processes, 109(2): 168-181., 2009

50 Liu D. et al. Journal of Research in Personality, 64: 79-89., 2016

Part 4

1 Baltes P.B. et al., Psychology and Aging, 12(3):458-472., 1997

2 Cotman C.W. et al., Trends in Neurosciences, 30(9):464-72., 2007

3 Erickson K.I. et al. Neuroscientist, 18(1):82-97., 2012

4 El-Sayes J. et al., The Neuroscientist, 25(1):65-85., 2019

5 Cotman C.W. et al., Trends in Neurosciences, 30(9):464-72., 2007

6 Rovio S. et al., The Lancet Neurology, 4(11):705-11., 2005

7 Voss M.W. et al., Frontiers in Aging Neuroscience, 2:32., 2010

8 Marco E.M. et al., Frontiers in Behavioral Neuroscience, 5:63., 2011

9 Heijnen S. et al., Frontiers in Psychology, 6:1890., 2015

10 Patrick R.P. et al., the FASEB Journal, 29(6): 2207-2222., 2015

11 Zschucke E. et al., Psychoneuroendocrinology, 51:414-25., 2015

12 Northey J.M. et al., British Journal of Sports Medicine, 52:154-160., 2018

13 Oppezzo M. et al., Journal of Experimental Psychology: Learning, Memory, and Cognition, 40(4), 1142-1152., 2014

14 Soga K. et al., Journal of Cognitive Enhancement, 2:200-207., 2018

15 Ranjana K.M. et al., International Journal of Environmental Research and Public Health, 13(1):59., 2016

16 Taki Y. et al., Human Brain Mapping, 34(12):3347-53., 2012e

17 Gruber M.J. et al., Neuron, 84(2):486-96., 2014

18 Chattarji S. et al., Nature Neuroscience, 18(10):1364-75., 2015

19 Antoniou M. et al. Neuroscience and Biobehavioral Reviews, 37(10 Pt 2):2689-98., 2013

20 Bavishi A. et al. Social Science and Medicine, 164:44-48., 2016

21 Seinfeld S. et al. Frontiers in Psychology, 4:810., 2013

22   Tucker A.M. et al., Current Alzheimer Research, 8(4):354-60., 2011

23   Park, D.C. et al. Psychological Science, 25(1): 103-112., 2014

24   Rogenmoser L. et al., Brain Structure and Function, 223(1):297-305., 2017

25   Verghese J. et al., New England Journal of Medicine, 348:2508-2516., 2003

26   Chanda M.L. et al., Trends in Cognitive Sciences, 17(4):179-93., 2013

27   Kennedy D. et al., Trends in Cognitive Sciences, 16(11):559-572., 2012

28   Wu C. et al. Journal of Epidemiology and Community Health, 70(9):917-23., 2016

29   Rohwedder S., et al., J Econ Perspect, 24(1): 119-138., 2010

30   James B.D. et al. Journal of the International Neuropsychological Society, 17(6):998-1005., 2011

31   Ertel K.A. et al. American Journal of Public Health, 98(7): 1215-1220., 2008

32   Cacioppo J. et. al., Trends in Cognitive Sciences, 13(10):447-54., 2009

33   Dodge H.H. et al. Alzheimer's and Dementia, 1(1):1-12., 2015

34   Umeda-Kameyama Y. et al., Geriatrics and Gerontology International, 20(8): 779-784., 2020

35   Kang J.H. et al., Annals of Neurology, 57(5):713-20., 2005

36   Masuzaki H. et al. Journal of Diabetes Investigation, 10(1):18-25., 2019

37   Noguchi-Shinohara M. et al., PLoS ONE, 9(5):96013., 2014

38   Schaefer E.J. et al., Archives of Neurology, 63(11):1545-50., 2006

39   Ozawa M. et al., American Journal of Clinical Nutrition, 97(5):1076-82., 2013

40   Luciano M. et al., Neulorogy, 88 (5):449-455., 2017

41   Morris MC. et al., Alzheimer's and Dementia, 11(9):1015-1022., 2016

42   Martin C.K. et al. JAMA Internal Medicine, 176(6):743-52., 2016

43   Qiu X. et al., Biochimica et Biophysica Acta - Proteins and Proteomics, 1804(8):1576-1583., 2010

44   Sasano T. et a/., Current Pharmaceutical Design, 20(16):2750-2754., 2014

45   Robinson E. et al., The American Journal of Clinical Nutrition, 97(4):728-42., 2013

46   Xie L. et.al., Science, 342(6156)373-377., 2013

47   Kripke D.F. et al., Archives of General Psychiatry, 59:131-136., 2002

48   Jackowska M. et al., PLoS One, 7(10):e472922012., 2012

49   Chen J.C. et al., Alzheimer's and Dementia., 12(1):21-33., 2016

50   Sabia S., et al., Nature Communications, 12:2289., 2021

51   Li L. et al., Frontiers in Psychiatry, 11:877., 2020

52   Frey B.S. et al., Science, 331(6017):542-3., 2011

53   Diener E. et al., Psychlogical Science, 13(1):81-84., 2002

54   Borgonovi F., Social Science and Medicine, 66(11):2321-34., 2008

55   Walsh L.C. et al., Journal of Career Assessment, 26(2):199-219., 2018

56   Mauss I.B. et al., Emotion, 11(4):807-815., 2012

57   Lee WE. et al., Psychological Medicine, 36(3):345-351., 2006

58   Tibi-Elhanany Y. et al., Israel Journal of Psychiatry and Related Sciences, 48(2):98-106., 2011

59   van Doorn J. et al., Emotion Review, 6(3): 261-268., 2014

60   Gruber J. et al., Emotion, 13(1):1-6., 2013

61   Sedikides C. et al., Emotion, 16(4):524 -539., 2016

62   Oba K. et al. Social Cognitive and Affective Neuroscience, 11(7):1069-1077., 2016

63   Schacter D.L. et al., Annals of the New York Academy of Sciences, 1124:1-38., 2008

64   Buckner R.L. et al., Nature Reviews Neuroscience, 20:593-608., 2019

65   Lazar S.W. et al., Neuroreport, 16(17):1893-1897., 2005

66   Leung M.K. et al., Social Neuroscience, 13(3):277-288., 2018

67   Chiesa A. et al., The Journal of Alternative and Complementary Medicine, 15(5):593-600., 2009

68   Taki Y. et al., Alcoholism, 30(6):1045-50., 2006

69   Taki Y. et al., Neuroradiology, 55(6):689-95., 2013

70   Livingston G. et al., The Lancet, 390(10113):2673-2734., 2017

71   Taki Y. et al., Obesity, 16(1):119-24. 2008

72 Livingston G. et al., The Lancet, 390(10113):2673-2734., 2017

73 Taki Y. et al., Human Brain Mapping, 32:1973-1985., 2012d

74 Lee H.J. et al., Clinical Nutrition Research, 7(4):229-240., 2018

Part 5

1   Lally P. et al., European Journal of Social Psychology, 40(6): 998-1009., 2010

2   Neal D.T. et al., Current Directions in Psychological Science, 15(4):198-202., 2006

3   Samuelson W. et al., Journal of Risk and Uncertainty, 1:7-59., 1988

4   Sheeran P. et al., Pers Soc Psychol Bull, 31(1):87-98., 2005

5   Johnson D. et al., Internet Interventions, 6: 89-106., 2016

6   Christopher E.A. et al., Journal of Applied Research in Memory and Cognition, 6(2):167-173., 2017

7   Stuart J. et al., Lancet, 312:514-516., 1978

8   Wamsley E.J., Trends in Cognitive Sciences, 23(3):171-173., 2019

9   Bahrick H.P. et al., Journal of Experimental Psychology, 13(2):344-349., 1987

10 Karpicke J.D., Current Directions in Psychological Science, 21(3):157-163., 2012

11 Liles J. et al., MedEdPublish, https://doi.org/10.15694/mep.2018.0000061.1 2018

12 Rohrer D. et al., Instructional Science, 35:481-498., 2007

13 D'Angiulli A. et al., Frontiers in Psychology, 4(1):1-18., 2013

14 Olusola O. et al., Review of Educational Research, 87(3):544-582., 2017

15 Kornell N. et al., Journal of Experimental Psychology: Learning, Memory, and Cognition, 41(1):283-294., 2015

똑똑한 뇌는
어떻게 만들어지는가

초판 1쇄 발행 · 2024년 3월 28일
초판 2쇄 발행 · 2024년 7월 26일

지은이 · 다키 야스유키, 고 가즈키
옮긴이 · 신현호
발행인 · 이종원
발행처 · (주)도서출판 길벗
출판사 등록일 · 1990년 12월 24일
주소 · 서울시 마포구 월드컵로 10길 56(서교동)
대표 전화 · 02)332-0931 | **팩스** · 02)323-0586
홈페이지 · www.gilbut.co.kr | **이메일** · gilbut@gilbut.co.kr

책임편집 · 이미현(lmh@gilbut.co.kr), 황지영 | **마케팅** · 이수미, 장봉석, 최소영 | **유통혁신** · 한준희
제작 · 이준호, 손일순, 이진혁 | **영업관리** · 김명자, 심선숙, 정경화 | **독자지원** · 윤정아

교정교열 · 강설빔 | **디자인** · 정윤경 | **인쇄 · 제본** 상지사피앤비

ISBN 979-11-407-0790-4 03590
(길벗 도서번호 050186)

독자의 1초까지 아껴주는 정성 길벗출판사

(주)도서출판 길벗 | IT교육서, IT단행본, 경제경영서, 어학&실용서, 인문교양서, 자녀교육서 www.gilbut.co.kr
길벗스쿨 | 국어학습, 수학학습, 어린이교양, 주니어 어학학습, 학습단행본 www.gilbutschool.co.kr